FORSCHUNGSBERICHTE DES LANDES NORDRHEIN-WESTFALEN

Nr. 1892

Herausgegeben im Auftrage des Ministerpräsidenten Heinz Kühn
von Staatssekretär Professor Dr. h. c. Dr. E. h. Leo Brandt

Dr.-Ing. Dieter Kräft
Prof. Dr.-Ing. Horst Luther

Institut für Chemische Technologie und Brennstofftechnik
der Technischen Hochschule Clausthal
in Verbindung mit dem Verein Deutscher Ingenieure e.V.,
Kommission Reinhaltung der Luft, Düsseldorf

Versuchsergebnisse an Verfahren
zur Nachverbrennung der Abgase eines Ottomotors

SPRINGER FACHMEDIEN WIESBADEN GMBH

ISBN 978-3-663-00863-7   ISBN 978-3-663-02776-8 (eBook)
DOI 10.1007/978-3-663-02776-8

Verlags-Nr. 011892

© 1969 by Springer Fachmedien Wiesbaden
Originally published by Westdeutscher Verlag in 1969

Gesamtherstellung: Westdeutscher Verlag ·

Inhalt

1. Art und Auswirkungen der Luftverunreinigung 5
2. Grundlagen der Abgasreinigung 5
   - 2.1 Grundlagen der Nachverbrennung 6
   - 2.1.1 Anforderungen an Anlagen zur Verminderung unerwünschter Abgasbestandteile 6
   - 2.1.2 Literaturauszug zur katalytischen Nachverbrennung 7
   - 2.1.3 Literaturauszug zur nichtkatalytischen Nachverbrennung 11
3. Ziel der Versuche 13
   - 3.1 Versuchsdurchführung 13
   - 3.2 Verwendete Substanzen 14
   - 3.3 Analysenmethoden 14
   - 3.3.1 Verwendete Gasanalysengeräte 14
   - 3.3.2 Die Effektivität von Katalysatoren 15
4. Versuchsergebnisse 15
   - 4.1 Abgasverhalten und Abgastemperaturverlauf 15
   - 4.2 Prüfung von Katalysatoren im Dauerversuch 16
   - 4.2.1 Meßergebnisse an Dauerkatalysatoren 17
   - 4.3 Versuch zur Abscheidung von Bleisubstanzen aus dem Abgas 18
   - 4.4 Untersuchung der Anspringtemperatur von Katalysatoren 19
   - 4.4.1 Meßergebnisse an neuen Katalysatoren 19
   - 4.4.2 Meßergebnisse an gebrauchten Katalysatoren 20
   - 4.4.3 Aussagen zu den vorstehenden Meßergebnissen 21
   - 4.5 Versuch einer künstlichen Katalysatorvergiftung 22
   - 4.6 Versuche zur Nachverbrennung durch motornahe Einblasung von Luft zum Abgas 22
   - 4.6.1 Versuchsdurchführung 23
   - 4.6.2 Meßergebnisse 23
   - 4.6.3 Versuche zur Lufteinblasung bei Verwendung einer Mischkammer .. 24
   - 4.6.3.1 Meßergebnisse 24
5. Zusammenfassung 25
6. Literaturverzeichnis 26
7. Abbildungsanhang 32

1. Art und Auswirkungen der Luftverunreinigung

Mit zunehmender Sorge beobachten weite Kreise der Bevölkerung und zuständige Instanzen die ansteigende Beladung der Umgebungsluft durch Gase, Aerosole, Staub und Rauch aus Nebenprodukten von Verbrennungs- und großtechnischen Verfahrensprozessen hauptsächlich in Großstädten und Industriegebieten mit hoher Wohndichte.
Offensichtlich reicht die natürliche Wetterventilation als regenerierendes Element zur Schaffung einer Umgebungsluft mit annehmbarer Reinheit nicht mehr aus. Die Folge ist eine Anreicherung der bodennahen Umgebungsluft mit den genannten luftfremden Stoffen, welche zu unerwünschten Einflüssen auf die Umwelt führt.
Diese Luftverunreinigungen können in der davon betroffenen lebenden Umwelt pathophysiologische Effekte [1] und morphologische Veränderungen im Organismus hervorrufen. Langzeiteinwirkungen können zu noch wenig erforschten, z. B. synergistischen Mechanismen [2] und zu Zivilisationsschäden führen.
Im Vordergrund aller Betrachtungen stehen hierbei die Gesundheit und Gesunderhaltung der Bevölkerung [3, 4, 5] sowie die Vermeidung von Gefahren für das Wachstum in der Tier- [6] und Pflanzenwelt [7, 8].
Neben den oben angedeuteten Gefahren entstehen durch sichtbehindernden Rauch (Dieselqualm) und durch intensive Lufttrübung (Smog) Probleme für die Sicherheit im Fahrzeugverkehr. Schließlich verursachen fluor-, stick- und schwefeloxidhaltige Gase und deren Kondensate aus partiellen Folgereaktionen volkswirtschaftlich beträchtliche Korrosions- und Strukturschäden an Zivilisations- und Kulturgütern [9].
Die vorliegende Abhandlung widmet sich ausschließlich den Automobilabgasen als einer – neben anderen – Emissionsquelle, der steigende Aufmerksamkeit [10, 11, 12, 13] im Zusammenhang mit der Reinhaltung der Luft beigemessen wird.
Über die Luftverunreinigung durch motorische Abgase [14, 15] und deren Zusammensetzung [16, 17, 18] ist mehrfach ausführlich berichtet worden.
Die Kenntnis der Entstehung und Zusammensetzung sowie der toxischen Wirkungen [19, 20, 21] motorischer Abgase gewinnt bei Maßnahmen zur Reinhaltung dieser Gasgemische dann eine eminente Bedeutung, wenn nach Feststellung ihres Ausbreitungsgrades [22, 23, 24, 25] und Verbleibes Normen [26, 27, 28] von zuständiger Stelle [29] an die Reinheit der Außenluft gestellt werden.
Der Stand des Motorisierungsgrades und des damit verbundenen Ausstoßes an Automobilabgasen hat in den USA bereits zu einer gesetzlichen Basis [30] für die Begrenzung des schädlichen Abgasinhaltes von Kraftfahrzeugen [31, 32] geführt und läßt ähnliche Bestrebungen auch in Westeuropa [33, 34, 35] erkennen.

2. Grundlagen der Abgasreinigung

Verfolgt man den Entstehungsweg motorischer Verbrennungsgase, so erkennt man bei der Frage nach der Beseitigung schädlicher Begleitstoffe grundsätzlich drei Eingriffsmöglichkeiten: vor dem Motor (Luftverhältnis, homogene Gemischzuführung), im Motor (Brennraumgestaltung, Zündung, Zylinderwandtemperatur) und nach dem Mo-

tor (Nachverbrennung, Filterverfahren). Diese prinzipiellen Verfahrenswege zur Entgiftung der Abgase von Ottomotoren sind von LUTHER, LOEHNER und Mitarb. [36] ausführlich behandelt worden. Die aus dieser Veröffentlichung entnommene nachfolgende Abb. 1 veranschaulicht die Zusammenhänge zwischen den Einflußgrößen und ihrer Emissionsbeeinflussung. (Die Abbildungen stehen im Anhang S. 32.)
Wenn man auch allen Maßnahmen zur Vermeidung unerwünschter Abgaskomponenten *vor ihrer Entstehung* den Vorzug geben wird, kann man heute noch nicht gänzlich auf solche nachträglicher Abgasbehandlungen verzichten.

2.1 Grundlagen der Nachverbrennung

Auf dem Gebiet der Nachbehandlung von Motorenabgasen hat sich bisher am wirksamsten die Nachverbrennung mit zwei möglichen Verfahrenswegen erwiesen. Es sind dieses:

1. die Nachverbrennung über Katalysatoren,
2. die Nachverbrennung ohne Katalysatoren.

Bei dem ersten Verfahren nutzt man die Eigenschaft von Katalysatoren, die Einstellung chemischer Gleichgewichtsreaktionen in Richtung der gewünschten Umsetzungsprodukte zu beschleunigen. Im Wesen der Nachverbrennung liegt es, daß bei Benutzung von Katalysatoren eine heterogene Oxydationskatalyse abläuft. So werden an oxydierend wirkenden Feststoffkatalysatoren brennbare Anteile des Gasgemisches unter Zugabe von Sekundärluft bei einer vom Katalysatortyp abhängigen Arbeitstemperatur und Raumgeschwindigkeit zu Kohlendioxid und Wasser umgesetzt.
Die Nachverbrennung ohne Katalysatoren versucht, die oxydierbaren Bestandteile im Abgas mit Zweitluft und mit oder ohne Fremdzündung bei hohen Temperaturen zu verbrennen. Die nichtkatalytische Nachverbrennung mit Fremdzündung ist dabei an stoffspezifische Zündungsgrenzen gebunden und entflammt das Gemisch. Jedoch auch unterhalb dieser Zündungsgrenzen ist eine thermische Nachverbrennung bei genügend hoher Temperatur und unter Luft- bzw. Sauerstoffzufuhr mit und ohne Entflammung [43] möglich.
Bevor Verfahren zur Auswahl und Erprobung von Katalysatoren sowie die Verfahrenstechnik katalytischer und nichtkatalytischer Nachverbrennung nach Literaturangaben geschildert werden, ist dazu ein Hinweis auf Anforderungen und Funktionskriterien, denen Vorrichtungen zur Abgasreinigung entsprechen sollen, zum weiteren Verständnis erforderlich.

2.1.1 Anforderungen an Anlagen zur Verminderung unerwünschter Abgasbestandteile

Der Staat Kalifornien, bekannt durch das unter Mitwirkung von Autoabgasen hervorgerufene Smogphänomen [37, 38, 39], schuf sich mit dem »Motor Vehicle Pollution Control Board« (MVPCB) ein autorisiertes Organ zur Überwachung der Automobilabgase. Diese Stelle erließ im Mai 1961 verbindliche Bestimmungen über Prüfmethoden und Anforderungen an Vorrichtungen zur Abgaskontrolle [31, 40, 41, 42].
Danach beurteilte man die Wirksamkeit von Anlagen dieser Art an einem Pkw in einem auf statistischen (in Los Angeles angestellten) Untersuchungen basierenden Einheitsfahrzyklus, Abb. 2a, auf einem Rollenbremsprüfstand [44] durch kontinuierliche Gasanalyse von im Abgas enthaltenem Kohlenmonoxid und n-Hexan als Bezugsubstanz für Kohlenwasserstoffe mit Ultrarotabsorptionsschreibern. Die Wirksamkeit galt als erwie-

sen, wenn der nach einem vorgeschriebenen Bewertungsverfahren errechnete Emissionswert im Fahrzyklus den für CO gültigen Grenzwert von 1,5 Vol.-% und für n-C_6H_{14} von 275 ppm nicht überschritt. Die Einhaltung dieser Grenzwerte mußte im Fahrbetrieb bis ursprünglich 12 000 Meilen nachgewiesen werden. Leistungsmindernde Einflüsse auf den Motor oder sonstige gefährdende Auswirkungen auf das Fahrzeug, die Insassen und Umgebung sowie unangemessene Betriebskosten schränkten die Anwendbarkeit dieser Vorrichtungen ein und schlossen sie von der Zulassung durch das MVPCB weitgehend aus.

Inzwischen übernahm Kalifornien die 1968 verbindlich werdenden USA-Abgasbestimmungen [32], kündigte aber wiederholt eine weitere Verschärfung der Abgasvorschriften [45] mit niedrigeren Kohlenmonoxid- und Kohlenwasserstoff-Emissionsgrenzwerten, erstmalig auch für Stickoxide, für 1970 an [46].

Die USA-Abgasvorschriften treten für 1968-Pkw-Modelle in Kraft, wobei die Mengenemission [18, 36] unterschiedlicher Hubraumgrößen durch Staffelung der zulässigen Konzentrationsangaben Berücksichtigung fand.

Jedoch bedeutete die Einhaltung der Grenzwerte über eine Betriebsdauer von 80 000 Straßenfahrkilometern eine verschärfte Anforderung an Maßnahmen zur Abgasentgiftung.

Die Funktions-, Sicherheits- und Kostenkriterien, der Fahrzyklus zur Emissionsbestimmung, die Bewertungsfaktoren und die Bewertungszeiten für den Emissionswert wurden kritiklos und ungekürzt der kalifornischen Testvorschrift entlehnt.

Auch Japans nationale Abgasverordnungen [47] nahmen offensichtlich die kalifornischen Vorschriften zum Ausgangspunkt ihrer Prüfmethoden und Limitvorstellungen.

Ergänzend sei hier angeführt, daß die Bundesrepublik Deutschland demnächst eine CO-Leerlaufbegrenzung [48] im Abgas von Kraftfahrzeugen mit Ottomotoren als ersten Schritt bei der Entgiftung von Autoabgasen vorsieht.

Abb. 3 enthält die in den genannten Staaten zulässigen Emissionskonzentrationen zusammen mit Angaben über ihren Anwendungsbereich und das Prüfverfahren zu ihrer Bestimmung.

Die in Abb. 2a–d dargestellten Fahrzyklen der einzelnen Länder sollen noch einmal die Bedeutung der Emissionswertung vergleichend veranschaulichen. Die schraffierten Flächen unter der Fahrkennlinie im kalifornischen (2a) und im japanischen 2-Stufen-(2c–d)-Fahrzyklus kennzeichnen die zur Bewertung vorgeschriebenen Teilfahrabschnitte (indirektes Verfahren). Der Entwurf des in Vorschlag stehenden Europafahrzyklus (2b) [49] erfaßt dagegen den tatsächlichen Emissionsanteil durch eine (direkte) Gesamtmessung der interessierenden Abgaskomponenten im Beutelauffangverfahren [50] erheblich genauer für die Beurteilung der Luftverunreinigung oder der Wirksamkeit einer Entgiftungsmaßnahme.

2.1.2 Literaturauszug zur katalytischen Nachverbrennung

Die Wirkungsweise der katalytischen Nachverbrennung ist in zahlreichen Beiträgen über Entwicklung und Herstellung, Auswahl und Erprobung geeigneter Katalysatoren im Labor, auf dem Motorprüfstand und während des Fahrbetriebes unter Herausbildung einer speziell zu gestaltenden Verfahrenstechnik mit dem Ziel, Kohlenmonoxid, Kohlenwasserstoffe, auch Stickoxide, selten Ruß- oder Bleiverbindungen – selektiv oder komplex – optimal zu entfernen, beschrieben.

Wieweit dieses Verfahren technische Reife und Anerkennung bei den Behörden Kaliforniens erlangt hat, läßt sich zahlreichen Publikationen der Fachpresse entnehmen [51–66].

Danach gab der Board (MVPCB) im Jahre 1964 zunächst drei katalytisch arbeitende Nachverbrennungsanlagen der Firmengruppen

    Arvin Industries, Inc. – Universal Oil Products Co.,
    W. R. Grace & Co. – Norris Thermador Corp.,
    Walker-Manufacturing Co. – American Cyanamid Co.

zum Einbau in Kraftwagen frei.
Über die Zusammensetzung der Katalysatoren liegen keine Angaben vor, doch man geht in der Annahme nicht fehl, daß Schwermetalloxide und/oder Edelmetalle als aktive Komponenten auf Aluminiumoxid- oder keramischen Trägern verwendet wurden.
Das Schalldämpfergehäuse war bei allen Anlagen zum Reaktionsraum für die Katalysatorschüttung umgestaltet. Die zur Nachverbrennung erforderliche Luft (Sekundärluft) förderten Membran- oder Rotationsflügelpumpen durch den Auspuffkrümmer (Grace) oder direkt vor oder in den Katalysatorbehälter. Ein Regelorgan steuerte bei Überhitzung des Katalysatorbettes den Abgasstrom zur Schonung des Katalysators im Nebenschluß (bypass) am Gehäuse vorbei (Grace).
Das Walker-Gerät eignete sich auch zum Einbau in Fahrzeuge mit kleinerem als 2,3 l Hubvolumen, alle Anlagen waren nur zum Einbau in Neufahrzeuge zugelassen.
Die Abnahmeläufe beim kalifornischen Staatslabor zeigten nach mehr als 19 000 Kilometern Straßenfahrt Durchschnittsabgaswerte nach der kalifornischen Testvorschrift für CO (in Vol.-%) und n-Hexan (in ppm) von

    0,62 und 186 (Arvin),
    0,68 und 221 (Walker),
    1,19 und 272 (Grace).

Die Katalysatoren erwiesen sich gegen »Vergiftungen« durch Zerfallsprodukte der Bleiadditive als mäßig widerstandsfähig.
Die geschätzten Jahreskosten sollten sich bei den genannten Anlagen bei einer vorgegebenen Gebrauchsdauer von 5 Jahren zwischen 26 und 34 Dollar bewegen.
Hinweise [67–70] kündigten für das Arvin-UOP-Gerät die Produktionsaufnahme in großem Umfang an, das Grace-Gerät wurde in seiner Wirkungsweise geschildert [71].
Die intensiven Bemühungen nach einer technisch befriedigenden Anlage spiegeln sich als Beispiel in der Veröffentlichung von SCHALDENBRAND und STRUCK [72] wider.
Von den Autoren wurden Versuche mit verschiedenen Katalysatoren im Motorprüfstands- und im Fahrbetrieb sowie die Verfahrenstechnik im Zusammenhang mit den Betriebsgrößen eingehend geschildert.
Die Versuchsergebnisse und -bedingungen enthalten die Tab. 1 und 2.
Ähnlich detaillierte Angaben macht der Versuchsbericht von DAVIS und ONISHI [73].
Die Wirksamkeit der untersuchten Katalysatoren wurde in Abhängigkeit vom Schüttvolumen, der Schütthöhe, der Raumgeschwindigkeit und Lenkung des Richtungsverlaufes des Abgasstromes, der Zusatzluftmenge und des Bleiadditivgehaltes der verwendeten Kraftstoffe geprüft.
Danach bestanden von sieben eingesetzten Katalysatoren nur zwei den 12 000-Meilen-Test mit einem Umsetzungsgrad von 30 bis 50% bezogen auf Kohlenwasserstoffe am Ende dieses Fahrtestes. CO reagierte am Katalysator nicht. Bleiverbindungen setzten die Aktivität des Katalysators herab.
Günstigere Resultate lieferte die unter Leitung von HOMFELD bei General Motors getestete katalytische Nachverbrennungsanlage, die mehrfach beschrieben wurde [54, 74 bis 77].
Der hierbei verwendete Katalysator wurde unter HOUDRY bei Firma Oxy-Catalyst, Inc.

Tab. 1 *Versuche mit V_2O_5 als Katalysator für Oxydation von KW in Autoabgasen*

Versuch		Grundtest	Konvertervergleich			Oberer Temperatureinfluß (Vergleich mit B-1)	Katalysatormenge (Vergleich mit A-1)	Bleifrei (Vergleich mit A-1)	Sekundärluft (mit A-1), ohne A-5
Konvertertyp		A-1	B-1	C-1		B-2 identisch* mit B-1	A-2	A-4	A-5
Motortyp		8-Zylinder-FORD Sedan 1959							
Primärluft	[m³/h]					15–340			
Fahrstrecke (konst. Betriebszust.)	[Meilen]	19 000	19 000	8 000		6 200	14 000	12 000	19 000
Benzin unverbleit		–						–	
verbleit		+	+	+		+	+		+
Zusammensetzung Katalysator		V_2O_5 auf γ-Aluminiumoxid							
Schichthöhe	[cm]	20,3	7,6	6,9		7,6	20,3	20,3	20,3
Schüttvolumen	[cm³]	12 460	13 100	13 100		13 100	8 800	13 100	13 100
Raumgeschwindigkeit	[h⁻¹]		1 200–26 000				1 700–38 000	1 200–26 000	
Verweilzeit	[s]		0,14–3				0,95–2,1	0,14–3	
Strömungsrichtung		horizontal	vertikal	vertikal zirkular		vertikal	horizontal	horizontal	horizontal
Bett-Temperatur min.	[°C]	320	370	390		360	360	380	
max.	[°C]	620	640	690		über 26 h > 640	610	620	
KW-Effektivität	[%]	55/40–70	ca. 50	ca. 50		ca. 40	ca. 40	ca. 40	ca. 40
Δp ohne Motor bei 34 m³/h	[mmWS]	max. 990 max. 710*	990	380		380	–	–	–
Δp bei 60 m.p.h.	[mmWS]	–	508 356*	–		–	–	–	–
Anmerkungen		* original Schalldämpfer	* original Schalldämpfer	Gasstrom stark »randläufig«		* Eintritts- und Austrittsstutzen verändert	$\gamma \cdot Al_2O_3 \xrightarrow{650°} \alpha\text{-}Al_2O_3$ Zusammenbruch nach 6 200 Meilen bei B-2		

Tab. 2 *Versuche mit Katalysatoren zur Oxydation von CO und KW in Autoabgasen*

Versuch		am Motoren-Prüfstand			bei Fahrbedingungen		
Motor Fahrzeugtyp		4-Zylinder			8-Zylinder, 6 l, 1960-Modell		6-Zylinder, 2,3 l
Konverterbezeichnung		D-1		E-1	F-1	G-1	H-1
Betriebsstunden bzw. Fahrstrecke [Meilen]		100 h ~ 5 000 Meilen			8 300	9 300	12 000
Katalysator		»M«	»N«	»O«	»Y«	»O«	»N«	»O«	»Y«
Schichthöhe [cm]		10			6,9	5,1	7,6	4,1
Schüttvolumen [cm³]		4 260			2 950	6 880	6 560	1 720
Bett-Temperatur	min. [°C]	—	455	—	—	250	440	—
	max. [°C]	—	870	—	—	670	714	925
Effektivität	CO [%]	0	70*	20	0,25*	20	40	0,91*
	KW [%]	ca. 40	50**	20	25** / 175	28	30	247**
Anmerkungen			*/** nach 70 h Test abgebrochen		* Auslaßkonz. [Mol-%] nach Katalysator ** Auslaßkonz. [ppm] nach Katalysator bei 30 und 60 m.p.h.		sehr starker Abrieb	* Auslaßkonz. nach Katalysator [Mol-%] ** Auslaßkonz. nach Katalysator [ppm]

entwickelt und erwies sich nach Berichten der GM-Ingenieure für die Umsetzung von Kohlenoxid und Kohlenwasserstoffen auch bei Verwendung verbleiter Benzine als geeignet.
Bei Warmstartbedingungen hielt die Wirksamkeit länger als 12 000 Meilen an, bei Kaltstarts versagte jedoch der Katalysator bereits nach etwa 3000 Meilen.
Die intensiven Anstrengungen bei der Entwicklung und Herstellung dieses und ähnlicher Katalysatoren und die in sie gesetzten Erwartungen drücken sich in zahlreichen Patenten [78–88] aus und lassen sich auch in der Fachpresse verfolgen [89–94].
Aus Patentbeschreibungen [78, 80] ist die Art des Aufbaus und der Zusammensetzung dieser Katalysatoren zu ersehen.
Danach handelt es sich um geformte Träger aus Porzellan mit poröser Oberfläche und Verstärkungsrippen, die mit einer 0,013–0,038 mm starken Metalloxidschicht oder einer 0,15 mm starken Al_2O_3-Schicht überzogen sind.
In die Metalloxidschicht sind kleinere Mengen eines metallischen Katalysators mit (%) 0,01–10 Pt oder 0,15 Pt + 6,6 Mn oder 10 Ag oder 6,6 Ag + 3,3 Cr oder aktives Thoriumoxid + 20 Pt oder aktives MgO + 10 Pt eingelagert. Al_2O_3-Schichten werden mit Platinfilmen bedeckt, an Stelle von Platin können auch Ru, Ag, Cu, Ag + Cr, Cr + Cu, Cu + Mn verwendet werden.
Weitere einschlägige Arbeiten zur katalytischen Abgasentgiftung liegen von NEBEL [95–97], von CANNON [98–102] und einer Reihe anderer Autoren [103–108] vor.
Ergebnisse über die Wirksamkeit und Verfahrenstechnik von Nachverbrennungsanlagen unter Verwendung von Katalysatoren an europäischen Kraftwagenmotoren liegen von LUTHER [36], LOEHNER [109], KLUESENER [110], ESSIG [111] und an Dieselmotoren von SCHMIDT [112] vor.
Auch der katalytischen Entfernung von Stickoxiden aus Motorenabgasen sind eine Reihe von Arbeiten gewidmet.
Dabei lassen sich das im Abgas schon enthaltene Kohlenmonoxid und der Wasserstoff in Gegenwart eines Katalysators als Reduktionsmittel verwenden [113–115]. Mit K_2CO_3 aktivierte Holzkohle [116], nicht genauer definierte Kupferoxide auf oxidischen Trägern von Aluminium und Silicium [117–120], Zink- und Kupferchromite oder -chromate auf Barium [115, 121] sowie Kobalt- und Aluminiumoxid auf Kupfer reduzieren Stickoxide katalytisch zu Stickstoff [122].
Die Bedeutung der katalytischen Stickoxidbeseitigung aus Motorenabgasen wird durch Forschungsarbeiten unterstrichen [123].

2.1.3 Literaturauszug zur nichtkatalytischen Nachverbrennung

An frühe Versuche, die Nachverbrennung durch einfaches Einschleusen von Zweitluft in das Auspuffsystem [124] oder in die noch heiße Explosionsflamme [125], knüpfen die heutigen Verfahren dieser Art an.
Die Freigabe des AMF-Smog-Burner als einziges nichtkatalytisches Verfahren durch die zuständige Behörde in Kalifornien kennzeichnet 1964 den Stand der Entwicklung [54, 55, 60–64, 66].
Der von AMF (American Machine and Foundry Comp. – Chromalloy Corp.) nach dem Wärmetauscherprinzip gestaltete Flammennachbrenner entzündete mit einer Zündkerze das Abgas-Zweitluft-Gemisch. Die erforderliche Zusatzluft saugte ein Venturirohr an. Der Betrieb war an einen sehr fetten Leerlauf (8% CO) zur Herstellung eines zündfähigen Gemisches gebunden. Bei Überhitzung lenkte ein Bypassventil den Abgasstrom unverbrannt ins Freie.
Nach offiziellen Angaben bestand der Smogburner den 12 000-Meilen-Test nach dem

kalifornischen Testverfahren mit 221 ppm *n*-Hexan und 1,17 Vol.-% CO. Nach Firmenangaben sollte die Brauchbarkeit bis 50 000 Meilen erhalten bleiben.

Hervorzuheben ist die Zulassung des AMF-Smog Burners für Neu- und Gebrauchtwagen.

Andere Hinweise auf den AMF-Smog Burner sprechen von einer 97% Wirksamkeit bei der Nachverbrennung der Smog-verursachenden Kohlenwasserstoffe und bis zu 80% bei Kohlenoxid [126, 127].

Eine ähnliche Geräteentwicklung arbeitete nach Ausführungen von RIDGWAY [128], wie auch der Nachbrenner von Thompson Ramo Woldrige, Inc. [93a–b], ebenfalls mit Fremdzündung bei 875°C und Arbeitstemperaturen von 980°C bei Wärmeaustausch im Gegenstromverfahren. Allerdings reichten schon 1,5 Vol.-% CO unter Zumischung von 5 bis 10% Sekundärluft zur Zündung aus. Die Umsätze lagen für CO bei mindestens 90%, für Kohlenwasserstoffe sogar bei 98–99%. Magnetventile steuerten bei zu hohen Temperaturen automatisch die gesamte Abgasmenge unverbrannt ins Freie.

Stärkere Bedeutung als der Entwicklung von Nachbrennern mit Fremdzündung [129 bis 131] kommt jedoch der ohne Fremdzündung [132, 133] bei motornaher Zumischung von Zweitluft zu. Das als ManAirOx- (Manifold Air Oxidation) oder auch als ManAirGuard-System bekanntgewordene Verfahren nutzt die an den Auslaßventilen vorhandenen hohen Temperaturen durch Zuleitung von Sekundärluft in deren unmittelbare Nähe zur Nachverbrennung aus.

BROWNSON untersuchte in Studien [134] bei General Motors den Ort, die Art und Menge der Zumischung von Zusatzluft in Abhängigkeit von den Betriebszuständen der Motoren am Fahrzeug. Danach stieg die CO-Umsetzung mit der Menge der Zusatzluft exponentiell bei allen Fahrzuständen an. Kohlenwasserstoffe (als *n*-Hexan im Ultrarotabsorptionsschreiber der Firma Beckman, USA, gemessen) zeigten diese Beziehungen nur während der Verzögerung, im Leerlauf stellte sich eine optimale Luftmenge (Parabelkurve), bei Beschleunigung überhaupt keine Abnahme an diesen Verbindungen ein.

In einer neueren Arbeit [43] berichtete derselbe Autor über weitere untersuchte Einflußgrößen auf den Wirkungsgrad des ManAirOx-Verfahrens. Die Abstimmung der Sekundärluft auf das Luftverhältnis λ, die Vergrößerung des Reaktionsraumes im Abgaskrümmer, dessen gute Isolierung gegen Wärmeverluste, und die Ausbildung einer Flamme während der Nachverbrennung optimierten das Verfahren und erbrachten im kalifornischen Test Werte für CO von 0,76 Vol.-% und für Kohlenwasserstoffe von nur 27 ppm.

Abhebend auf europäische Fahrzeuge liegen Ergebnisse von CLARKE [135] über den sogenannten Lucas-Detoxer vor. Das Hauptaugenmerk dieser mit Zündkerze arbeitenden Anlage richtete sich auf die Art der Zuführung der Zusatzluft in die Flammenzone und auf die Ausbildung eines Wirbelgasflusses in einem geeigneten Reaktionsgefäß unter Nutzung möglichst hoher Abgastemperaturen.

Grundsatzversuche von LOEHNER und LUTHER [36, 109] befassen sich an Motoren europäischer Bauart mit dem Ort und der Art der Zumischung von Nachverbrennungsluft, mit dem Mischungsverhältnis, dem Grad der Mischbarkeit, der Mischungstemperatur und mit dem Einfluß des Reaktionsraumes auf die Nachverbrennung. Die Untersuchungen erstrecken sich auf die Anwendung kombinierter, nach dem ManAirOx- und dem Katalysator-System arbeitender Anlagen.

Nicht unerwähnt darf die Entstehung zusätzlicher Stickoxide im ManAirOx-Verfahren bleiben [136]. Nach Ausführungen von REID [137] bildeten sich während der Beschleunigung im kalifornischen Test bei Lufteinblasung bis 40% mehr Stickoxide als ohne Luftzusatz.

3. Ziel der Versuche

Die in dieser Abhandlung geschilderten Versuche hatten zum Ziel, Kohlenoxid und Kohlenwasserstoffe aus Vergasermotorenabgasen mit und ohne Anwendung von Katalysatoren möglichst vollständig durch Oxydation zu Kohlendioxid und Wasser zu entfernen.

Die Prüfung und Erprobung der katalytischen und nichtkatalytischen Nachverbrennung in geeigneten Anlagen sollten in Verfolgung ihrer Leistungsfähigkeit auf dem Motorenprüfstand Beurteilungskriterien für die Anwendbarkeit im praktischen Fahrbetrieb liefern.

3.1 Versuchsdurchführung

Der Aufbau des für die Versuche benutzten Motorenprüfstandes ist in Abb. 4 schematisch dargestellt.

Der für die Untersuchungen verwendete 1-Zylinder-Ottomotor [1] mit 300 ccm Hubraum (BMW-Industriemotor, Typ 403), die durch eine elastische Kupplung [2] verbundene Bremse (fremderregter Gleichstromgenerator [3]) und die Nachverbrennungsvorrichtung [8] befanden sich auf einem im Gebäude aufgestellten Zementblock. Die Motorschwingungen wurden zusätzlich durch Schwingelemente unter dem Rahmen eines U-Stahlprofiles, auf welchem Motor und Bremse montiert waren, gedämpft.

Die Drehzahl wurde mit einem Stichdrehzahlmesser [12], der Kraftstoffverbrauch mit einem Durchflußmesser [15] und die vom Motor angesaugte Frischluft (Primärluft) mit einer Gasuhr [13] sowie die Ansauglufttemperatur mit einem Thermometer [14] gemessen. Vor dem Ansaugfilter [4] lag ein Puffervolumen [5] von etwa 30 Liter. Ein flexibler, gasdichter Metallschlauch [6] von 60 mm Innendurchmesser verband Puffervolumen und Gasuhr.

Auf der Auspuffseite des Motors war die zur Aufnahme der zu untersuchenden Katalysatoren bestimmte Nachverbrennungsvorrichtung [8] in die Abgasleitung von 28 mm Innendurchmesser eingebaut. Die Länge der Leitung zwischen Motor und Katalysatorbehälter betrug 850 mm. Zur Dämpfung der vom Motor erzeugten und auf den Katalysatortopf störend wirkenden Schwingungen bestand sie in einer Länge von 250 mm aus einem hitzebeständigen, gasdichten, flexiblen Metallschlauch [7].

Der Gasstrom konnte im Bedarfsfall über Sperrschieberventile [10, 11] durch die Leitung [9] um den Katalysatortopf [8] herumgeführt werden. Hinter dem Nachbrenner strömten die Gase durch einen weiteren flexiblen Metallschlauch über ein ausreichend bemessenes Puffervolumen ins Freie.

An verschiedenen Stellen der Abgasleitung waren Leitungen [16, 17, 18] zur Entnahme von Gasproben vorgesehen.

Die zur Nachverbrennung erforderliche Zweitluft führte ein Gebläse oder ein Kleinkompressor [21] über Kupferleitungen (4 und 8 mm l. W.) an den Stellen [19 oder 20] dem Abgas zu. Ihre Menge wurde mit einer Gasuhr [22] ausreichend genau gemessen.

Die Abb. 5 zeigt den zur Aufnahme von Katalysatoren verwendeten Behälter aus 1,5 mm starkem Stahlblech. Das Abgas strömte von unten durch die im Mittelteil auf einer 1 mm starken Lochplatte (2,5 mm Loch-$\varnothing$) aus Stahl liegende Katalysatorschicht. Die Katalysatorpackung wurde oben durch ein Edelstahlnetz gehalten. Zur Füllung und Inspektion war das Oberteil des Behälters mit dem Unterteil verflanscht. Eine graphitierte Asbestdichtung und zusätzlicher Hochtemperaturkitt sorgten für eine gute Abdichtung des Flansches.

3.2 Verwendete Substanzen

In Tab. 3 sind die untersuchten Katalysatoren aufgeführt. Es handelt sich insgesamt um technische Produkte mit Edelmetallen als katalytisch wirkende Komponenten, Ausnahme Chromoxid, auf Aluminiumoxid als Trägersubstanz.

Tab. 3 Verwendete Katalysatoren

	1	2	3	4	5	6
Form	Kugel	Zylinder			Strang*	
Abmessungen Durchmesser/Höhe (mm)	3–6	3,5/4			3,3/5	4/6–8
katalytisch wirkende Komponente	Pt	Pt	Pd	Pt/Pd	Cr_2O_3	Pt
Gew.-% Katalysator	0,1	0,1	0,1	0,05/ 0,05	18	0,5

* Zylinder mit Bruchflächen an den Enden.

Für Untersuchungen zur direkten Nachverbrennung und zur Abscheidung von Bleiverbindungen sowie für Temperaturstudien wurden Füll- und Filtermaterialien aus Tonerde, Grauguß und Glas in Kugelform (ca. 4–6 mm ⌀) und Schamottegranulat von 8 mm Körnung eingesetzt.

Für den Motorbetrieb standen drei Kraftstoffe* (A, B, C) üblicher Wichte (0,743 bis 0,780 g/cm³) zur Verfügung. Davon war der Kraftstoff »B« als einziger mit 0,04 Vol.-% TEL verbleit.

3.3 Analysenmethoden

3.3.1 Verwendete Gasanalysengeräte

Zur Messung der genannten Gaskomponenten wurden kontinuierlich messende Gasanalysatoren [138] wie der Ultrarot-Absorptionsschreiber, der magnetische Sauerstoffschreiber und der Flammenionisationsdetektor (FID) eingesetzt (Abb. 6).
Die Gase Kohlenoxid und Kohlendioxid wurden mit je einem CO-, CO_2-URAS, die unverbrannten gasförmigen Kohlenwasserstoffe mit einem mit *n*-Butan sensibilisierten URAS gemessen. Über das Meßprinzip und die Arbeitsweise des URAS unterrichtet der Gerätehersteller ausführlich [139].
Über die Verwendung und Eignung von Ultrarot-Absorptionsschreibern ist mehrfach berichtet worden [16, 51, 140, 141]. Auch der für die kontinuierliche Bestimmung der Sauerstoffkonzentration im Abgas nach Sekundärluftzugabe eingesetzte magnetische Sauerstoffschreiber [142] hat sich bei der Bestimmung des O_2-Gehaltes motorischer Verbrennungsgase bewährt [143].
Will man den Gehalt an Kohlenwasserstoffen genauer, als es infolge der Butansensibilisierung und des Meßprinzipes vom URAS erwartet werden kann, erfassen, so eignet

* Herrn Direktor Dr. WELLER, Deurag-Neurag, Misburg/Hann., wird für die Überlassung der Kraftstoffe an dieser Stelle gedankt.

sich hierfür der auch für diese Untersuchungen benutzte Flammenionisationsdetektor [144]. Die Anzeige des FID ist in einem relativ großen Bereich der Anzahl von C-Atomen in einer brennenden Flamme proportional. Über Abweichungen von dieser Proportionalität haben LUTHER [145] sowie DOBSON [146] berichtet. Bei nicht zu raschem Wechsel der Betriebsbedingungen ist dem FID für die Bestimmung von Kohlenwasserstoffen in motorischen Abgasen der Vorzug vor anderen Methoden zu geben [145, 147, 148].

3.3.2 Die Effektivität von Katalysatoren

Die Wirksamkeit von Katalysatoren wird in Anlehnung an den angelsächsischen Ausdruck durch die Effektivität bei der Verbrennung von Kohlenoxid (CO) und Kohlenwasserstoffen (C_nH_{2n+x}) gekennzeichnet.
Die prozentuale Umsetzung dieser Komponenten ist ein Maß für die Katalysatoraktivität.

$$\frac{CO\,(C_nH_{2n+x})_{Eintritt} - CO\,(C_nH_{2n+x})_{Austritt}}{CO\,(C_nH_{2n+x})_{Eintritt}} \cdot 100\,(\%)$$

Die Meßwerte bei Gasmessungen sind durchweg im folgenden Teil in Volumenkonzentrationen angegeben und auf trockenes Abgas bei Raumtemperatur bezogen.

4. Versuchsergebnisse

4.1 Abgasverhalten und Abgastemperaturverlauf

Für die nachfolgenden Dauerversuche war es von Vorteil, Einblick in das Abgasverhalten des BMW-Motors in Abhängigkeit vom Luftverhältnis λ zu bekommen und Kenntnis über den Temperaturgradienten in dem mit Modellsubstanz gefüllten Behälter für die katalytische Nachverbrennung zu erlangen.
Die Abb. 7 zeigt das nach Einstellung von Beharrungswerten an verschiedenen Betriebspunkten des Motors mit dem URAS ermittelte CO-Kennfeld, Abb. 8 das zugehörige Luftverhältnis-Kennfeld und Abb. 9 den CO-Gehalt als Funktion des Luftverhältnisses λ. Die Ergebnisse bestätigen annähernd die von D'ALLEVA [149] beschriebene und von anderen Autoren [150, 17] überprüfte Proportionalität zwischen der Abgaszusammensetzung und dem Luftverhältnis.
Von größerem Interesse mußte die Temperaturverteilung vor, im und nach dem Katalysatorbehälter für die weiteren Versuche sein.
Um die Abgastemperaturen bei der gewählten Versuchsanordnung unter Eliminierung der bei der Oxydationskatalyse entstehenden Verbrennungswärme kennenzulernen, wurde der Behälter mit einer nichtkatalytisch wirkenden Modellsubstanz gefüllt. Diese kam nach Art und Wärmeeigenschaften den verwendeten Katalysatoren sehr nahe, da es sich um Trägerkörper dieser Katalysatoren mit fehlender katalytischer Imprägnierung handelte.
Im Hinblick auf praxisnahe Verhältnisse wurde das Auspuffrohr zwischen Motor und Versuchstopf nicht durch eine Isolierung vor Wärmeverlusten geschützt. Ni—CrNi-Thermoelemente nahmen in Verbindung mit einem Mehrfach-Punktdrucker den

Temperaturverlauf an den in Abb. 6 gekennzeichneten Orten bei Leerlauf, im Teil- und im Vollastgebiet des Motors über der Versuchszeit auf.
Die Temperatur-Zeitkurven in Abb. 10, 11 und 12 zeigen die Ergebnisse. Wesentlich ist danach, daß im Leerlauf mit verhältnismäßig hoher Drehzahl an allen Temperaturmeßorten die Temperaturen unterhalb 200°C liegen. Dies ist aber in etwa die »Anspringtemperatur« der nachfolgend verwendeten Katalysatoren. Bei diesem Betriebspunkt des Motors muß entweder die Anspringtemperatur beträchtlich niedriger liegen, oder es muß die Katalysatormasse vor Starten des Motors aufgeheizt werden.
Die Tab. 4 enthält die Vorwärmzeiten bis zum Erreichen von 200°C an den verschiedenen Meßstellen.

Tab. 4   Vorwärmzeiten bis zum Erreichen von 200°C

	Versuchsdauer bis zum Erreichen von 200°C in Minuten			
Last UPM	Leerlauf 2400	1,2 PS 3000	3,2 PS 3000	7 PS 3200
Gas-Eintritt	–	9,5	3	2,5
Kugelschüttung	–	25	5,5	5,2
Gas-Austritt	–	–	30	6,5

4.2 Prüfung von Katalysatoren im Dauerversuch

Von den in Tab. 3 aufgeführten Katalysatoren wurden der kugel- und der zylinderförmige in einem 100stündigen Dauerversuch bei kontinuierlicher Messung des CO- und des KWSt.-Gehaltes einem Vergleich unterzogen.
Die Menge und Packungsart waren annähernd vergleichbar, der Querschnittsbelastung lagen Schüttvolumina von 1920 cm^3 bei 6 cm Schütthöhe (Kugelkatalysator) und 2080 cm^3 bei 6,5 cm Schütthöhe (Zylinderkatalysator) zugrunde.
Stationäre Betriebspunkte von 1,5 und 3,0 PS wechselten nach jeweils 33 Stunden Dauerbetrieb. Verschärfte Belastungen übte ein nach 66 Stunden bis zum Ende andauerndes Wechselprogramm von 1,5, 3,0, 4,5 und 6,0 PS durch 35minütige Abschaltzeiten nach Durchlauf dieser Betriebszustände aus. Während dieser Zeit kühlte ein Gebläse das Katalysatorbett auf Raumtemperatur ab und beschleunigte die Kondensation von Wasserdampf und löslichen organischen Verbindungen an den Oberflächen der Kugeln und Zylinder.
Zusätzlich wurde der Kugelkatalysator nach 100 Stunden 10 Stunden lang, der Zylinderkatalysator hingegen schon nach 66 Stunden 27 Stunden lang Abgasen aus bleihaltigen Benzinen (0,04 Vol.-% TEL) ausgesetzt.
Die Versuchsparameter sind im wesentlichen durch das Sekundärluftverhältnis λ' von 1,17 bis 1,39 und durch die Raumgeschwindigkeit von 6300 bis 9500 h^{-1} in Abhängigkeit zu den Motorbetriebszuständen gekennzeichnet. Der bei den gewählten Versuchsbedingungen sich einstellende Druckabfall im Topf lag mit 20–70 mm WS überraschend niedrig.
Auf Vorheizung des Katalysators, der Bauteile des Behälters, der Auspuffleitung oder der Zusatzluft wurde bewußt verzichtet.

4.2.1 Meßergebnisse an Dauerkatalysatoren

Die Meßergebnisse beider Katalysatorarten sind in den Tab. 5, 6 und 7 enthalten.

Tab. 5 CO-(Vol.-%) *und* KWSt.-(ppm) *Konzentrationen und Effektivitäten des Kugelkatalysators in den einzelnen Fahrzuständen*

Kugelkatalysator					
Bremsleistung	(PS)	1,5	3,0	4,5	6,0
CO vor Katalysator		4,30	2,85	2,60	1,40
CO nach Katalysator		0,10	0,05	0,15	0,10
CO-Effektivität	(%)	97,7	98,2	94,2	92,8
KWSt.-n-C_4H_{10} vor Katalysator		407	314	311	311
KWSt.-n-C_4H_{10} nach Katalysator		10	10	15	25
KWSt.-n-C_4H_{10}-Effektivität	(%)	97,5	96,8	95,1	91,9

Tab. 6 CO-(Vol.-%) *und* KWSt.-(ppm) *Konzentrationen und Effektivitäten bei Verwendung des Zylinderkatalysators in der Fahrperiode 1 und 2*

Zylinderkatalysator				
Fahrperiode			1	2
Bremsleistung	(PS)		3,0	1,5
CO vor Katalysator			3,9	5,4
CO nach Katalysator			0,1	0,2
CO-Effektivität	(%)		97,4	96,2
KWSt.-n-C_4H_{10} vor Katalysator		URAS	319	391
		FID	516	547
KWSt.-n-C_4H_{10} nach Katalysator		URAS	26	38
		FID	40	49
KWSt.-n-C_4H_{10}-Effektivität		URAS (%)	91,8	90,2
		FID (%)	92,2	91,0

In Tab. 7 sind die Ergebnisse am Zylinderkatalysator nach Übergang auf Kraftstoff mit Bleizusätzen bezogen auf den Betriebspunkt 1,5 PS und 3000 UPM des vorher genannten Wechselprogrammes.

Tab. 7 *Abgaszusammensetzung* (Vol.-%) *bei Verwendung von Bleibenzin und Effektivität des Zylinderkatalysators nach 27 Stunden Wechselprogramm*

Zylinderkatalysator				
Meßgas		CO	KWSt. (FID)	KWSt. (URAS)
vor Katalysator		5,55	0,0587	0,0324
nach Katalysator		1,65	0,0180	0,0132
Effektivität	(%)	70,2	69,3	59,2

Für den Kugelkatalysator läßt sich danach noch eine fast unverminderte Wirksamkeit nach 110 Betriebsstunden, von denen nur die letzten 10 Stunden mit verbleitem Kraftstoff gefahren wurden, nachweisen. Die durchschnittliche Effektivität für Kohlenoxid und Kohlenwasserstoffe (auf n-Butan bezogen) beträgt noch rd. 95%.

Ähnlich hohe Effektivitäten zeigt auch der Zylinderkatalysator, solange er nur Abgasen aus unverbleiten Benzinen ausgesetzt wurde (Tab. 6). Bei Übergang auf Kraftstoff mit normalem TEL-Gehalt von 0,04 Vol.-% zeichnete sich nach wenigen Betriebsstunden ein Nachlassen der Umsetzung an CO und KWSt. ab (Abb. 13 und 14). Daß sich die am Versuchsende berechnete Effektivität vorübergehend stabilisiert, kann nach dem Kurvenverlauf angenommen werden.

An Hand durchgeführter Temperaturmessungen in der Katalysatorschicht (Abb. 15) ließen sich auch Aussagen über die Anspringtemperatur des kugelförmigen Katalysators machen.

Zu diesem Zweck wurde das Katalysatorbett bei einem konstanten Betriebszustand mit Abgasen ohne Sekundärluft auf 225°C vorgeheizt. Erst nach dieser Temperatur erfolgte die Zumischung unter genauer Verfolgung des Temperaturverlaufes in der Packung und der Abnahme der KWSt.- und CO-Gase über der Versuchszeit.

Das Ergebnis dieses Versuches zeigt in Abb. 16 für CO nach Luftzugabe sofort einen steilen Anstieg seiner Umsetzung, was in der Nähe der Anspringtemperatur ein charakteristisches Merkmal ist und abschätzend eine Anspringtemperatur von 200°C wahrscheinlich macht.

Den Temperaturaufzeichnungen ließ sich weiter eine Temperatur von 600 bis 700°C in der Anströmschicht oder der primären Reaktionszone der Katalysatorschicht entnehmen. Eine nachträgliche Inspektion des Katalysatorgutes führte zu dem Ergebnis, daß diese Reaktionszone höchstens eine Schichtdicke von etwa 2 cm hatte. Das bedeutet, der Katalysator hat sich auch bei einer dreifach höher als ausgelegten Raumgeschwindigkeit von 25 000 h^{-1} als betriebsfähig erwiesen.

Jedoch ist eine Verschiebung der Reaktionszone [151] bei weiterem Dauerversuch auch im vorliegenden Fall anzunehmen, später abzuhandelnde Untersuchungen bestätigen diesen Schluß.

4.3 Versuch zur Abscheidung von Bleisubstanzen aus dem Abgas

Zur Frage der Bleivergiftung von Katalysatoren sollte geprüft werden, ob es möglich ist, die Zerfallsprodukte der metallorganischen Bleizusätze zum Vergaserkraftstoff mechanisch an einem Vorfilter gemäß Abb. 17 zur Erhaltung der Katalysatoreffektivität in der nachgeschalteten Anlage abzufangen.

Dazu wurde als Filtermaterial Schamottegranulat von 8 mm Körnung in einen mit Siebböden versehenen Stahlzylinder gefüllt und 25 Stunden mit Motorabgasen aus bleihaltigen Benzinen beschickt. Im Anschluß an den Filtertopf befand sich der Behälter mit frischem, im vorangegangenen Dauerversuch aber als bleiempfindlich erkanntem Zylinderkatalysator.

Durchlaufende Abgasmessungen ergaben für CO und KWSt. bei dieser Versuchsanordnung aber nur eine Einbuße von 4% der Anfangseffektivität mit nahezu 100% dieses Katalysators.

Anschließende gravimetrische Bleianalysen an Schamotteproben aus verschiedenen Schichten der Füllung wurden mit denen vorher geprüfter Dauerkatalysatoren verglichen (Tab. 8).

Auffallend ist beim Vergleich beider Zylinderkatalysatoren der prozentual geringe Niederschlag an Bleisubstanzen bei Verwendung des Vorfilters bei fast gleicher Versuchsdauer.

Tab. 8 Bleigehalt in den untersuchten Proben

Substanz	Mittelwert Blei gefunden (g)	Theoretische Gesamt-Blei-Menge (g)	Verhältnis gef./theor. Wert (%)
Kugelkatalysator nach 10 h	0,220	6,800	3,23
Zylinderkatalysator nach 27 h	3,338	18,360	18,18
Zylinderkatalysator nach 25 h	0,244	17,000	1,43
Schamotte nach 25 h	2,708	17,000	15,92

In Übereinstimmung dazu befindet sich der Bleianteil auf dem Schamottegranulat. Diese Ergebnisse bestätigen die Annahme von der spezifischen Bleiempfindlichkeit bei Nachverbrennungskatalysatoren.

Es sei hier bemerkt, daß sicherlich die Partikelgröße der Bleisubstanz in Abhängigkeit zu der Oberflächenbeschaffenheit des Katalysators Einfluß auf die Schwächung der Katalysatoraktivität nehmen wird.

4.4 Untersuchung der Anspringtemperatur von Katalysatoren

Als mitbestimmend erweist sich für die Auswahl geeigneter Katalysatoren ihre Anspringtemperatur, bei der ein sprunghafter Anstieg des Reaktionsumsatzes beobachtet werden kann. Für Nachverbrennungskatalysatoren sollte diese Temperatur möglichst niedrig liegen, um ein rasches Arbeiten des Katalysators auch bei kalt gestartetem Motor zu gewährleisten.

Deshalb wurden sämtliche neuen und gebrauchten Katalysatoren auf dieses Temperaturverhalten untersucht.

Abb. 18 zeigt schematisch den Versuchsaufbau mit der verwendeten Laboratoriumsapparatur und der Meßeinrichtung.

Die Prüfapparatur bestand im wesentlichen aus einem elektrisch beheizbaren Glasrohr von 1 m Länge und 24,5 mm Innendurchmesser. Edelstahldrahtnetze fixierten die Katalysatorzone in der Mitte des Rohres. Beiderseitig der Packung vorgelagerte Schichten katalytisch inaktiver Aluminiumoxidkugeln sorgten für vollkommen konstante Temperaturverhältnisse im Katalysatorbett vor Testbeginn und dienten gleichfalls als Vorheizzone für das ankommende Testgasgemisch. Die Aufheizrate wurde bei allen Versuchen auf 3°C pro Minute eingestellt. Als Modellgas für Abgase dienten definierte Gasmischungen aus Kohlenoxid, Luft und Stickstoff.

Kontinuierliche Temperatur- und CO-, CO_2-, O_2-Gasmessungen erlaubten, den Anspringpunkt sehr genau zu bestimmen.

4.4.1 Meßergebnisse an neuen Katalysatoren

In Tab. 9 sind die Meßergebnisse bei gleicher Raumgeschwindigkeit und unterschiedlichen Luftverhältnissen wiedergegeben für den Kugel- und Zylinderkatalysator vor Beginn des Dauerversuches.

Tab. 9 Anspringtemperaturen des Kugel- und Zylinderkatalysators im Anlieferungszustand bei konstanter Raumgeschwindigkeit von 5000 h⁻¹ und verschiedenen Luftverhältnissen

		Kugelkatalysator 1			Zylinderkatalysator 2		
Testgas-zusammensetzung in N_2 (Vol.-%)	CO	8,50	6,00	6,00	8,50	6,00	6,00
	O_2	19,15	3,90	3,15	19,15	5,55	3,00
Luftverhältnis λ		4,50	1,30	1,05	4,50	1,85	1,00
Anspringtemperatur	(°C)	160	200	210	172	192	215

In Tab. 10 sind alle Katalysatoren im Anlieferungszustand mit ihren Anspringtemperaturen, ebenfalls bei der Raumgeschwindigkeit 5000 h⁻¹, aber zusätzlich noch bei nahezu konstantem Luftverhältnis (Ausnahme Cr_2O_3) gemessen, angegeben.

Tab. 10 Anspringtemperaturen und CO-Umsatz bei Luftverhältniszahlen um 1

Bezeich-nung	Katalysator auf Aluminiumoxid (Gew.-%)	Luftverhältnis λ	Anspring-temperatur (°C)	CO-Umsatz (%)
1	0,10 Pt	1,05	210	98,8
2	0,10 Pt	1,00	215	98,7
3	0,10 Pd	1,02	215	98,6
4	0,05 Pt/ 0,05 Pd	1,00	214	98,5
5	18,00 Cr_2O_3	1,25	keine Reaktion	
6	0,50 Pt	1,04	253	99,0

Die Ergebnisse eines Vergleiches der Anspringtemperaturen bei zwei verschiedenen Raumgeschwindigkeiten enthält Tab. 11.

Tab. 11 Anspringtemperaturen von Katalysatoren bei verschiedenen Raumgeschwindigkeiten

Bezeich-nung	Katalysator auf Aluminiumoxid (Gew.-%)	Luftverhältnis λ	Anspringtemperatur (°C) bei Raumgeschwindigkeit (h⁻¹)	
			2500	5000
1	0,10 Pt	4,50	161	160
2	0,10 Pt	4,50	173	172
3	0,10 Pd	8,05	162	162
4	0,05 Pt/ 0,05 Pd	6,25	168	166

4.4.2 Meßergebnisse an gebrauchten Katalysatoren

Verschiedene Schichtproben der aus den Dauerversuchen stammenden Kugel- und Zylinderkatalysatoren wurden ebenfalls auf ihre Anspringtemperatur bei einer Raumgeschwindigkeit von 5000 h⁻¹, einem Luftverhältnis von 1 und einer CO-Konzentration von 6 Vol.-% im Testgas in der angegebenen Apparatur untersucht. Die Meßwerte sind in der folgenden Tabelle zusammengefaßt.

Tab. 12   Anspringtemperaturen und CO-Effektivität von Katalysatoren aus Dauerversuchen

Katalysator		Kugelkatalysator 1			Zylinderkatalysator 2		
Standzeit	(h)		110			93	
Probenentnahmeort		unten	mitte	oben	unten	mitte	oben
Anspringtemperatur	(°C)	265	248	245	278	248	225
CO-Effektivität	(%)	95	97	97	61	69	81

Bei den vorstehend genannten Versuchsbedingungen wurde auch der Zylinderkatalysator 2, der bei dem 25stündigen Motorversuch vor schädlichen Bleiverbindungen durch ein Schamottefilter abgeschirmt war, auf seine Anspringtemperatur und Effektivität hin untersucht (Tab. 13).

Tab. 13   Anspringtemperatur und CO-Effektivität des vor Bleisubstanzen abgeschirmten Zylinderkatalysators nach 25stündigem Dauerversuch

Standzeit	(h)		25	
Probenentnahmeort		unten	mitte	oben
Anspringtemperatur	(°C)	252	232	230
CO-Effektivität	(%)	88	99	99

4.4.3 Aussagen zu den vorstehenden Meßergebnissen

Aus den Meßwerten ist an neuen Katalysatoren mit zunehmendem Luftverhältnis bei konstanter Raumgeschwindigkeit eine Abnahme der Anspringtemperatur bis maximal 20% zu entnehmen.

Verschiedene Raumgeschwindigkeiten im Verhältnis 1:2 üben bei gleichen Luftverhältnissen keinen erkennbaren Einfluß auf die Anspringtemperatur aus.

Bei stöchiometrischer Luftzugabe, $\lambda = 1$, weisen ungebrauchte Edelmetallkatalysatoren mit gleich hohem Edelmetallgehalt sehr eng beieinanderliegende Anspringtemperaturen bei nahezu vollständigem CO-Umsatz auf.

Bei höherem Edelmetallgehalt nimmt auch die Anspringtemperatur zu.

Bei gebrauchten Katalysatoren ist nach Behandlung mit oder ohne Bleisubstanzen im Abgas ein Anstieg der Anspringtemperatur bis max. 25–30% von der Anfangstemperatur bei Neuzustand zu verzeichnen.

Aus der Zunahme der Anspringtemperatur kann nicht von vornherein auf eine Verminderung der CO-Effektivität geschlossen werden, vielmehr bleibt diese nahezu vollständig, auch nach 100 Betriebsstunden bei bleifreien Abgasen erhalten.

Durch Bleiverbindungen geschädigte Katalysatoren zeigen selbst in Nähe ihrer Anspringtemperatur einen deutlichen Aktivitätsschwund.

Die Bleivergiftung eines Katalysators ist also offenbar ein spezifischer, die Aktivität berührender Vorgang, der keinen erkennbaren Einfluß auf die Anspringtemperatur nimmt.

Hingegen übt nach den vorliegenden Meßresultaten die Betriebstemperatur im Katalysator einen Einfluß auf die Zunahme der Anspringtemperatur aus.

Für die Richtigkeit dieser Aussage sprechen auch die Inspektionsbefunde an gebrauchten Katalysatoren, bei denen in der primären Reaktionszone Verformungs- und Verglasungserscheinungen an einzelnen Katalysatorkörpern festgestellt werden konnten.
Das spricht dafür, daß die Betriebstemperatur je nach Höhe einen Sinterprozeß im Trägergerüst des Katalysators bewirkt.

4.5 Versuch einer künstlichen Katalysatorvergiftung

In einem orientierenden Versuch sollte eine Bleivergiftung an neuen Kugel- und Zylinderkatalysatoren mit Bleichlorid und Bleioxid, diese Verbindungen treten neben anderen Zerfallsprodukten des Bleiadditivs im Abgas auf, nachgeahmt und anschließend in der Laboratoriumsapparatur untersucht werden.
In Tab. 14 sind Angaben und Ergebnisse zu dieser Messung gemacht.

Tab. 14   Anspringtemperaturen und CO-Effektivitäten künstlich vergifteter Katalysatoren

Katalysator		Kugelkatalysator 1			Zylinderkatalysator 2	
Bleiverbindung	blei-frei	PbO	$PbCl_2$	blei-frei	PbO	$PbCl_2$
Bleigehalt (Gew.-%)	0	0,81	5,28	0	0,99	4,20
Luftverhältnis λ	1,20	1,28	1,16	1,10	1,08	1,60
Anspringtemp. (°C)	204	187	220	212	200	242
CO-Effektivität (%)	98,8	99,0	96,0	98,7	99,0	94,0

Leider lagen, wie zu ersehen ist, die Bleigehalte beträchtlich über denen »natürlich« vergifteter Katalysatoren.
Bleioxid und Bleichlorid üben nach diesen Ergebnissen unterschiedliche Wirkungen auf den Katalysator aus.
Bei Bleichlorid ist ein Rückgang von 4 bis 6% im CO-Umsatz in Verbindung mit einem Anstieg der Anspringtemperatur, bei Bleioxid hingegen bei vollständigem Umsatz bemerkenswerterweise eine Temperaturerniedrigung beim Anspringpunkt zu verzeichnen. Ähnliche Effekte des Bleioxids wurden schon von anderen Autoren [111] beobachtet, und Spurenbeimengungen von Bleioxid zu Katalysatoren wurde eine inhibierende Wirkung gegen den Vergiftungsmechanismus zugeschrieben. Klare Schlüsse lassen sich aus diesen Befunden vorerst jedoch nicht ziehen.
Es soll hier am Schluß noch die Möglichkeit angedeutet werden, daß eventuell auch der Bindungspartner der Bleiverbindung einen Blockierungseffekt an den aktiven Zentren des Katalysators auslösen kann.

4.6 Versuche zur Nachverbrennung durch motornahe Einblasung von Luft zum Abgas

Amerikanische Mitteilungen [134] über Erfolge bei der Verminderung schädlicher Abgasbestandteile durch bloße Zugabe von Sekundärluft in Nähe der Auslaßventile zum Abgas ermutigten dazu, diesem Verfahren nähere Beachtung zu schenken.
Im wesentlichen nutzt man hierbei den Umstand, in unmittelbarer Nähe der Auslaß-

ventile und im Krümmer Abgastemperaturen bis etwa 800°C vorliegen zu haben. Durch optimale Luftzumischung und unter Herausbildung einer geeigneten Misch- und Reaktionszone kann es gelingen, eine thermische Oxydation von Kohlenoxid, Kohlenwasserstoffen und Wasserstoff mit merklichen Umsätzen einzuleiten.

Das Verfahren vermag in Kombination mit einer katalytischen Nachverbrennungsanlage, diese bei bestimmten Fahrzuständen zu schonen oder macht bei ausreichender Leistungsfähigkeit einen Verzicht auf diese Anlage möglich.

4.6.1 *Versuchsdurchführung*

Abb. 19 zeigt die untersuchten Möglichkeiten, am Versuchsmotor Sekundärluft in den Auslaßkanal in Ventilnähe über Metalleitungen einzuführen. Probenahmeleitungen, 1 und 2, gestatteten, vor und nach dem Lufteinblaseort kontinuierlich Gasproben zur Berechnung des Umsetzungsgrades zu ziehen. Wärmeverluste wurden durch Asbestschnurumkleidungen des Krümmers verringert. Auf eine Vorerwärmung der zugeführten Luft wurde bei allen Versuchen verzichtet.

Für Vergleichszwecke blieb der Betriebspunkt des Motors mit 1,5 PS und 3000 UPM sowie einer Abgastemperatur ϑ_1 von rd. 650°C konstant, während die Sekundärluftmengen, in Luftverhältniszahlen λ' ausgedrückt, ihrer Bedeutung gemäß variiert wurden.

4.6.2 *Meßergebnisse*

Die Meßergebnisse sind in den Abb. 20–22 als Umsatz an CO und KWSt. (auf *n*-Butan bezogen) über den Luftverhältniszahlen λ' dargestellt.

Bei Einblasung am gleichen Ort und in gleicher Richtung über verschiedene Rohrquerschnitte ($B_1 = 4$ mm, $B_2 = 8$ mm l. W.) stellen sich bei $\lambda' = 1,25$ ähnlich hohe Umsätze für CO von 75% und KWSt. von rd. 60% ein (Abb. 20 und 21), jedoch steigen die Einstellzeiten bei Übergang von kleinerem zu größerem Rohrquerschnitt von 10 auf 20 Minuten bis zum Erreichen des angegebenen Umsetzungsgrades. Bei Anwendung von einem Luftverhältnis λ' größer als 1,83 machte sich am Motor eine unerwünschte Leistungseinbuße von fast 30% bemerkbar.

Wesentlich günstigere Resultate erzielte die Lufteinblasung in 80 mm Entfernung vom Auslaßventil (Abb. 22).

Schon bei Zumischung stöchiometrisch erforderlicher Luftmengen wurden Umsätze von über 60% der interessierenden Komponenten erreicht. Bei $\lambda' = 1,3$ wurden mit 90% CO- und 80% KWSt.-Umsatz die Ergebnisse am zuvor untersuchten Einblasort bei vergleichbaren Luftverhältnissen überboten. Zudem verkürzten sich die Einstellzeiten bis zum Erreichen des Maximalumsatzes erheblich und lagen nur noch bei 5 Minuten. Eine Überschreitung von $\lambda' = 1,4$ scheint bei dieser ventilnahen Art der Luftzuführung nicht erforderlich zu sein.

Im wesentlichen besagen diese Ergebnisse, daß bei den gewählten Versuchsbedingungen die CO- und Kohlenwasserstoffnachverbrennung eine Funktion des Luftverhältnisses bei gegebener Abgastemperatur ist. Offenbar »springt« die Kohlenwasserstoffoxydation aber langsamer als die des Kohlenoxids an, was unter anderem auf die Vielfalt organischer Substanzen mit chemisch sehr verschiedenem Aufbau und demzufolge unterschiedlicher Reaktionsbereitschaft zurückzuführen ist.

Wenn man dem Luftverhältnis, und wie hier gesagt wird, bei $\lambda' = 1,3$–1,4 eine vorrangige Bedeutung beimißt, so muß Sorge für eine gute Durchmischung zwischen der Zusatzluft und dem Abgas in einer entsprechenden Misch- und Reaktionszone getragen werden.

4.6.3 Versuche zur Lufteinblasung bei Verwendung einer Mischkammer

Zur Überprüfung der Annahme, daß eine gute Durchmischung in einem geeigneten Reaktionsgefäß die Nachverbrennung bei bloßer Sekundärluftzugabe verbessert, wurde die in Abb. 23 gezeigte Mischkammer nacheinander mit Aluminiumoxid-, Glas- und Graugußkugeln (6–8 mm ⌀) zur Schaffung dieser Bedingungen gefüllt. Die Auswahl der ihrer Zusammensetzung nach stark divergierenden Füllstoffe sollte von vornherein katalytisch bedingte Effekte ausschließen.

Im Sinne dieses Grundsatzversuches lag es, alle Substanzen bei einem konstanten Betriebspunkt des Motors (1,5 PS, 3000 UPM), Luftverhältnis ($\lambda' = 1{,}34$) und gleicher Art der Luftzuführung auf ihr Verhalten zu untersuchen. Unter diesen Betriebsbedingungen stellten sich konstante Abgastemperaturen von 660°C (ϑ_1) nach Warmlauf des Motors ein.

Kontinuierliche Gasanalysen und Temperaturaufzeichnungen verfolgten das Reaktionsbild.

4.6.3.1 Meßergebnisse

Ein vorangehender Blindversuch mit leerer Mischkammer überprüfte die Verhältnisse am CO-Umsatz, der, wie zu erwarten, sich zwar einstellte, aber nur bei 30% lag (Abb. 24). Die Durchmischung durch katalytisch inaktive Füllmaterialien verbessert die Umsätze ganz erheblich (Abb. 24 und 25).

Aus den untersuchten Füllstoffen ragt das Aluminiumoxid mit steil ansteigendem CO-Umsatz hervor. Die maximalen CO-Umsätze erreichen nach vergleichbaren Einstellzeiten für Glas und Grauguß Werte von 80 bis 90%, die Sonderstellung des Aluminiumoxids mit 95% Höchstumsatz fällt wiederum auf.

Hinsichtlich der Nachverbrennung von Kohlenwasserstoffen ergeben sich bei Anwendung der verschiedenen Füllkörper parallele Umsatzkurven mit maximal 90%; die Dominanz des Aluminiumoxids tritt bei dieser Umsetzung nur schwach auf.

Abb. 26 veranschaulicht den CO-Umsatz an Aluminiumoxid und Grauguß als Funktion der Reaktionstemperatur ϑ_2 in der Schüttung. Offenbar begünstigt unter anderem die größere Wärmekapazität des Aluminiumoxids im Vergleich zum Grauguß das Anspringen der Reaktion und den Reaktionsverlauf. Dieses Verhalten machen die Angaben zu den Zeiten bis zum Erreichen des 50%- und des 90%-Umsatzes an den verschiedenen Materialien in Tab. 15 besonders deutlich.

Tab. 15 Angaben über t_{50}- und t_{90}-Zeiten für 50- und 90%-Umsatz an CO und KWSt.

Füllkörper		Aluminiumoxid	Glas	Grauguß
t_{50} (Min.)	CO	1	5	3
	KWSt.	1	4,5	3,5
t_{90} (Min.)	CO	9	29	–
	KWSt. (FID)	28	–	–

Der optische Befund zeigte nach Versuchsende an allen Kugelarten keinerlei Rußbeläge. Dieses Ergebnis entspricht bei den aufgetretenen hohen Temperaturen (800–1000°C) der Erfahrung. Im Falle der Glaskugeln ließ sich auf Grund der eingetretenen Erweichung bis zur Schmelze die Schichtdicke der Reaktionszone ziemlich genau mit 3 cm angeben. Gelänge es, das Temperaturniveau unterhalb der Schmelztemperatur zu halten, so ließe sich im Erweichungsgebiet von Gläsern an Hand verformter Kugeln das Profil der wandernden Reaktionszone verfolgen.

Erklären lassen sich die Wirkungen bei Sekundärluftzuführung zum Abgas mit anschließendem Durchleiten durch katalytisch inaktive Materialien durch einen zwangsläufig dabei auftretenden intensiveren Durchmischungsgrad. Daß der bei diesem Verfahren gegenüber einem Abgaskrümmer üblichen Querschnittes angebotene größere Reaktionsraum die Reaktion begünstigt, bestätigen auch Untersuchungen von anderer Seite [43]. Bei den verwendeten Aluminiumoxidkugeln stellt zusätzlich die poröse Oberfläche einen optimierenden Strukturfaktor im Sinne der gewünschten Umsetzungen dar.

So gesehen, deuten die Hinweise an, daß das Reaktionsgeschehen wesentlich von Transportreaktionen beherrscht wird.

5. Zusammenfassung

Die vorliegende Arbeit schilderte Labor- und Prüfstandsversuche zur Untersuchung der Nachverbrennung von Motorabgasen eines Ottomotors auf katalytischem und nichtkatalytischem Wege.

Dazu wurden Edelmetallkatalysatoren technischer Herkunft auf ihre Eignung, wirksam Kohlenoxid und Kohlenwasserstoffe unter Zumischung vertretbarer Sekundärluftmengen in Kohlendioxid und Wasser umzuwandeln, am Motorprüfstand in einer geeigneten Vorrichtung im Dauerversuch erprobt.

Bei Verwendung von Vergaserkraftstoff ohne Bleiadditive arbeiteten die geprüften Katalysatoren auch nach 100 Betriebsstunden noch mit einer bei 90% liegenden Effektivität. Handelsüblich verbleiter Kraftstoff schwächte hingegen die Katalysatoraktivität schon nach kurzer Betriebsdauer auf einen Umsetzungsgrad von 70% ab.

Mit Hilfe eines Vorfilters mit großer spezifischer Oberfläche gelang es, einen Teil der Bleibeimengungen im Abgas vor Erreichen der Katalysatoranlage abzufangen und dadurch ihre Wirksamkeit zu erhalten.

In diesem Zusammenhang angestellte quantitative Vergleichsbleianalysen an den ab- und unabgeschirmten Katalysatoren sowie am Material des Vorfilters waren in sich schlüssig.

Messungen der Anspringtemperatur und der CO-Effektivität neuer und gebrauchter Katalysatoren in einer Laboratoriumsapparatur ließen den Schluß zu, daß die im Katalysator herrschende Betriebstemperatur die Anspringtemperatur erhöhen kann, der Bleivergiftungsprozeß sich offensichtlich aber nicht in einer ähnlichen Temperaturverschiebung erkennbar macht.

Die direkte Nachverbrennung erwies sich durch bloße Zumischung von Sekundärluft zum Abgas in Ventilnähe ohne Inanspruchnahme einer Zündhilfe als erfolgversprechend. Bei den gewählten Versuchsbedingungen stellten sich bei Luftverhältniszahlen um $\lambda' = 1,3$ optimale Umsätze um 90% ein.

Verbesserungen der Durchmischung in einem Reaktionsgefäß in Verbindung mit katalytisch inaktiven Füllkörpern erbrachten bei verkürzten Einstellzeiten Maximalumsätze von 90%.

Dem größeren Reaktionsraum und dem Einsatz von Füllkörpern aus Aluminiumoxid mit großer spezifischer Oberfläche wurde ein den Reaktionsablauf begünstigender Wert beigemessen.

6. Literaturverzeichnis

[1] PETRI, H., Die gesundheitliche Beurteilung gasförmiger Luftverunreinigungen, Staub, **25**, 416 (1965).
[2] ULMER, W. T., Die Wirkung der Luftverunreinigung auf die menschliche Gesundheit, Staub, **23**, 141 (1963).
[3] GRANDJEAN, E., Die Bedrohung der Gesundheit durch Verunreinigung der Stadtluft, Universitas, **14**, 1195 (1959).
[4] NEUMANN, W., Forderungen der Humanmedizin an die Luftreinhaltung vom Standpunkt des Toxikologen, Staub, **23**, 130 (1963).
[5] ANDERSON, D. O., und B. G. FERRIS jr., Community studies of the health effects of air pollution – a critic, J. Air Poll. Contr. Assoc., **15**, 587 (1965).
[6] ROSENBERGER, G., Immissionswirkungen auf Tiere, Staub, **23**, 151 (1963).
[7] ULLRICH, H., Forderungen an die Luftreinhaltung zum Schutze der Vegetation, Staub, **23**, 141 (1963).
[8] MIDDLETON, J. T., et al., Air quality criteria and standards for agriculture, J. Air Poll. Assoc., **15**, 476 (1965).
[9] UPHAM, J. B., Materials deterioration and air pollution, J. Air Poll. Contr. Assoc., **15**, 265 (1965).
[10] British Technical Council of the Motor and Petroleum Ind., The Motor Industry Research Association, Atmospheric pollution: A survey of some aspects of the emissions from petrol-engined vehicles and their treatment, England, Sept., (1965).
[11] GOTTBERG, L., und W. GOERKE, Luftverunreinigung, Gesundheit und Kraftfahrzeuge. Einfluß auf den Menschen. Eine Übersicht der med.-biol. Fragen, Zbl. biol. Aerosol-Forsch., **12**, 97 (1964).
[12] PRIMAVESI, C. A., Die Autoabgase und ihre Bedeutung für die menschliche Gesundheit, Z. Präventivmed., **9**, 148 (1964).
[13] OSAMU TADA, Automotive emissions and air pollution, J. Sci. Labour, **41**, 481 (1965).
[14] HANSEN, W., Luftverunreinigung durch Kraftfahrzeuge in den USA, Wasser, Luft, Betrieb, **5**, 424 (1961).
[15] ADAMS, F. D., European air pollution, J. Air Poll. Contr. Assoc., **15**, 375 (1965).
[16] LÖHNER, K., H. MÜLLER, H. LUTHER und H. IHRIG, Der Kohlenoxidgehalt in den Abgasen von Fahrzeug-Verbrennungsmotoren, ATZ, **62**, 311 (1960).
[17] HUBER, E., CO-Entwicklung bei Fahrzeugmotoren, ATZ, **62**, 321 (1960).
[18] ROSE jr., A. H., Automotive exhaust emissions, in: A. C. Stern (editor), Air pollution, Academic Press, New York, Vol. I, 40 (1962).
[19] HETTCHE, H. O., Die Wirkungen der Auspuffgase auf den Menschen und seine Umgebung, VDI-Berichte, **25**, 75 (1957).
[20] WILKE, W., Die gesundheitlichen Schädigungen in der Luft durch die Auspuffgase der Verbrennungsmotoren, Motortechn. Z., **18**, 13 (1957).
[21] HÖGGER, D., Auswirkungen der Motorfahrzeugabgase auf Menschen, Tiere und Pflanzen, Z. Präventivmed., **11**, 161 (1966).
[22] KLUG, H., Die meteorologischen Bedingungen starker Immissionsanreicherungen, Staub, **25**, 410 (1965).
[23] BREUER, W., und K. WINKLER, Herkunft und Ausbreitung von Luftverunreinigungen, ermittelt durch stationäre Registrierung mehrerer Immissionskomponenten, Proc. Int. Clean Air Congr., Part I, London, Pap. VII/10, 239 (1966).
[24] PRINZ, B., und H. STRATMANN, Rückschlüsse aus kontinuierlichen Konzentrationsmessungen gasförmiger Luftverunreinigungen auf die Statistik der Ausbreitungsbedingungen, Staub, **26**, 514 (1966).
[25] GEORGII, H. W., Die Vertikalverteilung des Kohlenmonoxids in Großstadtstraßen in Abhängigkeit von den meteorologischen Bedingungen, Proc. Int. Clean Air Congress, Part I, London, Pap. VI/18, 209 (1966).

[26] Maga, J. A., und J. R. Goldsmith, Standards for air quality in California, J. Air Poll. Contr. Assoc., **12**, 22 (1962).

[27] Kinosian, J. A., und J. A. Maga, Motor vehicle emission standards – present and future, SAE-Pap. 660104 (1966).

[28] Maga, J. A., Considerations in setting standards for oxides of nitrogen, J. Air Poll. Contr. Assoc., **15**, 561 (1965).

[29] Blomquist, E. T., Federal activity in developing air quality criteria, J. Air Poll. Contr. Assoc., **16**, 530 (1966).

[30] USA, An act to improve strengthen and accelerate programs for the prevention and abatement of air pollution, Public Law 88–206, The Rob. Ribicoff-Bill 88. Congress, H.R. 6518, Dec. 17 (1963), Published in: J. Air Poll. Contr. Assoc., **14**, 99 (1964).

[31] Hass, G. C., The California motor vehicle emissions standards, SAE Pap. 210-A (1960).

[32] US Dep. of Health, Education, and Welfare, Wash., D. C., Control of air pollution from new motor vehicles and new motor vehicle engines, Federal Register, **31**, No. 61, March 30 (1966).

[33] Oels, H., Die gesetzlichen Maßnahmen auf dem Gebiet der Reinhaltung der Luft und ihre Ausführung in der Praxis, Staub, **23**, 207 (1963).

[34] Oels, H., Die Maßnahmen des Bundes zur Reinhaltung der Luft unter besonderer Berücksichtigung der Maßnahmen zur Überwachung der Emissionen und Immissionen, Techn. Mittlg., **58**, 439 (1965).

[35] Detrie, J. P., Aspects reglementaires de la lutte contre la pollution atmospherique, Annales Mines, **184**, 43 (1965).

[36] Luther, H., K. Löhner, H. Müller und W. Zander, Möglichkeiten einer Entgiftung der Abgase von Ottomotoren, Erdöl und Kohle, **18**, 964 (1965).

[37] Larson, G. P., J. C. Chipman und E. K. Kauper, Distribution and effects of automotive exhaust gases in Los Angeles, J. Air Poll. Contr. Assoc., **5**, 84 (1955).

[38] Faith, W. L., C. Bolze und F. V. Morriss, Automobile exhaust and smog formation, J. Air Poll. Contr. Assoc., **7**, 9 (1957).

[39] Haagen-Smith, A. J., Symptons of the Los Angeles type smog, in: A. C. Stern (editor), Air Pollution, Academic Press, New York, Vol. II, 54 (1962).

[40] State of California, Motor Vehicle Pollution Control Board, California procedure for Testing motor vehicle emissions, rev. Nov. 8 (1961), Jan. 23 (1964), March 9 (1966).

[41] Hass, G. C., und M. L. Brubacher, A test procedure for motor vehicle exhaust emissions, J. Air Poll. Contr. Assoc., **12**, 505 (1962).

[42] Clarkson, D., und J. T. Middleton, The California control program for motor created air pollution, J. Air Poll. Contr. Assoc., **12**, 22 (1962).

[43] Brownson, D. A., und R. F. Stebar, Factors influencing the effectiveness of air injection in reducing exhaust emissions, SAE Pap. 650526 (1965).

[44] Marshall, G., The role of the chassis dynamometer in blowby and exhaust testing, Technical symposium on automotive exhaust emission measurements and regulatory requirements, Geneva, September (1966).

[45] Olson, D. B., Standardized exhaust testing by United States procedures, Technical symposium on automotive exhaust emission measurements and regulatory requirements, Geneva, September (1966).

[46] Grant, E. P., The California program and its worldwide implications, Technical symposium on automotive exhaust emission measurements and regulatory requirements, Geneva, September (1966).

[47] Japanese Government, Ministry of Transportation, Automobile Department, Regulation for the permissible density of harmful gases in exhaust gas of automobiles, JISHA 622-2, 17. 7. (1966).

[48] VDI-Kommission »Reinhaltung der Luft«, VDI-Richtlinie 2282, Begrenzung der Emission von Kohlenmonoxid bei Kraftfahrzeugen mit Ottomotoren, Entwurf Aug. (1965), Düsseldorf.

[49] LUTHER, H., G. BERGMANN und H. H. OELERT, Untersuchungen über die Betriebszustände von Personenkraftwagen in deutschen Großstädten als Grundlage für einen Fahrzyklus auf dem Rollenprüfstand, Bericht aus dem Institut f. Chem. Technologie u. Brennstofftechn., TH Clausthal (1966).

[50] OLSON, D. B., Sampling and analysis of automotive exhaust gas by several methods, Technical symposium on automotive exhaust emission measurements and regulatory requirements, Geneva, Sept. (1966).

[51] LUTHER, H., Ergebnisse und Probleme bei Untersuchungen der Abgase von Verbrennungskraftmaschinen, MTZ, **20**, 460 (1959).

[52] LUTHER, H., und U. SCHMIDT, Die Entgiftung der Abgase von Verbrennungskraftmaschinen, in: Nationalberichte, Europäische Konferenz über Luftverunreinigung, 119/48, Düsseldorf (1965).

[53] FAITH, W. L., Status of motor vehicle exhaust afterburners, Amer. Petrol Inst., **40** (3), 358 (1960).

[54] FAITH, W. L., Automobile exhaust control devices, J. Air Poll. Contr. Assoc., **13**, 33 (1963).

[55] Anon., California approves auto exhaust devices, Chem. Engineering News, June 22, 23 (1964).

[56] Anon., Control devices okayed, J. Air Poll. Contr. Assoc., **14**, 287 (1964).

[57] Anon., California approves four control devices, J. Air Poll. Contr. Assoc., **14**, 329 (1964).

[58] Anon., Model cars to have control devices, J. Air Poll. Contr. Assoc., **14**, 432 (1964).

[59] Anon., Abgasentgifter für Automobile in den USA, ATZ, **66**, 244 (1964).

[60] JENSEN, D. A., und E. P. GRANT, Status of control of motor vehicles emissions in California, J. Air Poll. Contr. Assoc., **14**, 483 (1964).

[61] MEYER, W. E., Neue Maßnahmen zur Entgiftung der Abgase von Verbrennungsmotoren, MTZ, **25**, 344 (1964).

[62] MEYER, W. E., Stand der Abgasentgiftung bei Ottomotoren in den Vereinigten Staaten, MTZ, **26**, 98 (1965).

[63] SWEENEY, M. P., Exhaust control devices, J. Air Poll. Contr. Assoc., **15**, 13 (1965).

[64] WOLF, W., und K. STARKE, Die Abgasentgiftung von Fahrzeugmotoren. Derzeitiger Stand der Entwicklung, MTZ, **26**, 103 (1965).

[65] Anon., Katalytische Verbrennung von Autoabgasen, VDI-Z., **108**, 68 (1966).

[66] GREINER, R., und H. G. WOLF, Luftverunreinigung durch Kraftfahrzeuge, Automobil-Industrie, **11**, (4), 97 (1966).

[67] Anon., »The Chemical Work this Week«, Chem. Eng. News, **38**, (5), 21 (1960) und Chem. Eng. News, **38**, (42), 29 (1960).

[68] Anon., »The Chemical Work this Week«, Chem. Eng. News, **57**, (2), 39 (1961).

[69] Anon., »Mitteilungen« aus »Erdöl und Kohle«, Erdöl und Kohle, **14**, 167 (1961).

[70] Anon., »Mitteilungen« aus »Erdöl und Kohle«, Erdöl und Kohle, **14**, 137 (1961).

[71] Anon., Anti-smog-muffler, Automotive Industries, June 15, (1961).

[72] SCHALDENBRAND, H., und J. H. STRUCK, Development and evaluation of automobile exhaust catalytic converter systems, SAE Pap. 486 E (1962).

[73] DAVIS, D. L., und G. E. ONISHI, Catalytic converter development problems, SAE Pap. 486 F (1962).

[74] HOMFELD, M. F., R. S. JOHNSON und W. H. KOLBE, The GENERAL MOTORS catalytic converter, SAE Pap. 486 D (1962).

[75] HOMFELD, M. F., R. S. JOHNSON und W. H. KOLBE, GM's catalytic converter, SAE Jour., **32**, Aug. (1962).

[76] Anon., Exhaust purifiers for internal combustion engines, Mech. Pwr., **58**, 549 (1962).

[77] Anon., GENERAL MOTORS tests its auto exhaust converter, Chem. Eng. News, **40**, 52 (1962).

[78] HOUDRY, E. J., It. Pat. 503 107, v. 21. 1. (1953).

[79] BOWEN, W. M., und E. J. HOUDRY, Exhaust gas treating unit, U.S. Pat. 2 742 147 (1956).

[80] HOUDRY, E. J., Catalytic structure, U.S. Pat. 2 742 437, April 17 (1956).
[81] HOUDRY, E. J., Surface type catalysis, U.S. Pat. 2 747 976 (1956).
[82] REITZEL, N. M., und B. KAROL (to Oxy-Catalyst, Inc.), Catalytic device, U.S. Pat. 2 795 488 (1957).
[83] HOUDRY, E. J., Catalytic exhaust gas converter, U.S. Pat. 2 811 425, (1957).
[84] HOUDRY, E. J., Device for catalytically purifying exhaust gases, U.S. Pat. 2 828 189, March 25 (1958).
[85] HOUDRY, E. J., Oxy-Catalyst, Inc., Catalytic internal combustion engine exhaust purifier, Brit. Pat. 797 777 (1958).
[86] Oxy-Catalyst, Inc., Catalyst manufacture (for petroleum refining exhaust gas purification), Brit. Pat. 798 234 (1958).
[87] HOUDRY, E. J., und W. R. CALVERT, Method of catalytically purifying exhaust gases and regenerating the catalyst utilized therein, U.S. Pat. 2 867 497 (1959).
[88] HOUDRY, E. J., Catalytic muffler, U.S. Pat. 2 834 657, May 13 (1958).
[89] HOUDRY, E. J., Stop fumes, Mod. Mat. Handlg., **10**, 81 (1955).
[90] NEBEL, G. J., und R. W. BISHOP, Catalytic oxidation for automobile exhaust gases and evaluation of the Houdry-catalyst, SAE Pap. 29 R (1959).
[91] HOUDRY, E. J., und M. R. ERIKSEN, A system of Diesel engine exhaust treatment, Air Poll. Contr. Assoc., 51. Ann. Meet., Philadelphia, Pap. 58/22 (1958).
[92] SPANNAGEL, C., Zur Betriebssicherheit und Abgasreinigung untertage eingesetzter Dieselmotoren, Schlägel und Eisen, **7**, 447 (1960).
[93] BOEHM, G. W., The problem of automobile exhaust gases, Fortune, Jan. (1960).
[94] HILL, E. F., W. A. CANNON und C. E. WELLING, Oxidation catalysts reduce hydrocarbons in automobile exhaust gas, SAE Journ., **66**, 36 (1958).
[95] NEBEL, G. J., et al., Exhaust gas treatment, Automobile Eng., **47**, 446 (1957).
[96] NEBEL, G. J., et al., Catalytic oxidation of automobile exhaust gases, Ann. Meet. SAE, Detroit (1959).
[97] NEBEL, G. J., et al., Automobile exhaust treatment – an industry report, SAE Jour., **65**, 120 (1957).
[98] CANNON, W. A., und C. E. WELLING, The laboratory evaluation of oxidation catalysts, Air Poll. Symp. Amer. Chem. Soc., New York (1957).
[99] CANNON, W. A., C. F. HILL und C. E. WELLING, Single cylinder engine test of oxidation catalysts, SAE Nat. West Coast Meet., Seattle, Prepr. Nr. 174 (1957).
[100] CANNON, W. A., und C. E. WELLING, The application of vanadia–alumina-catalysts for the oxidation of exhaust hydrocarbons, SAE Pap. 29 T (1959).
[101] CANNON, W. A., und C. E. WELLING, Catalytic oxidation of automotive exhausts, Ind. Eng. Chem., Proc. Res. and Div., **1**, 152 (1962).
[102] CANNON, W. A., und C. E. WELLING, Selective oxidation of hydrocarbons in exhaust gases, U.S. Pat. 2 912 300 (1959).
[103] SCHACHNER, H., Cobalt oxides as catalysts, Cobalt, **2**, 37 (1957).
[104] FEENAN, J. J., R. B. ANDERSON, H. W. SWAN und L. J. E. HOFER, Chromium catalysts for oxidizing automotive exhaust, J. Air Poll. Contr. Assoc., **14**, 113 (1964).
[105] HOFER, L. J. E., P. GUSSEY und R. B. ANDERSON, Specifity of catalysts for the complete oxidation of carbon monoxide – ethylene mixtures, J. Catalysis, **3**, 451 (1964).
[106] Communications Counselors, Inc., New York, Stainless steel anti-smog mufflers cut air pollution, J. Air Poll. Contr. Assoc., **9**, 83 (1959).
[107] CORNELIUS, G. W., Apparatus for consuming the unburned products of combustion of an internal combustion engine, U.S. Pat. 2 851 852 (1958).
[108] CORNELIUS, G. W., Exhaust gas purifying apparatus, U.S. Pat. 2 880 079 (1959).
[109] LÖHNER, K., H. MÜLLER und W. ZANDER, Entwicklung der Verfahrenstechnik zur Nachverbrennung der Abgase von Ottomotoren, MTZ, **27**, 271 (1966).
[110] KLÜSENER, O., und R. FISCHER, Zur Verfahrenstechnik der katalytischen Nachverbrennung von Motorabgasen, Chemie-Ing.-Techn., **37**, 1139 (1965).

[111] Essig, R., A. Kaiser und A. Reuter, Versuche zur Entwicklung bleifester Katalysatoren für die katalytische Nachverbrennung der Abgase von Ottomotoren, Deutsche Kraftfahrtforschung und Straßenverkehrstechnik, Heft 129 (1959).

[112] Schmidt, K. G., Motorabgase und ihre Reinigung. Versuche zur Erzielung voll ausgebrannter Dieselabgase, Dissertation TH Aachen (1959).

[113] Ayen, R., und N. G. Yu-Sim, Catalytic reduction of nitric oxide by carbon monoxide, Intern. Jour. Air and Water Pollution, **10**, 1 (1966).

[114] Bedjai, G., H. K. Orbach und F. C. Riesenfeld, Reaction of nitric oxide with activated carbon and hydrogen, Ind. Eng. Chem., **50**, 1165 (1958).

[115] Taylor, F. R., Elimination of oxides of nitrogen from automobile exhaust, Air Poll. Found. (San Marino, Calif.), Rept. 28 (1959).

[116] Riesz, C. H., L. F. Morritz und K. D. Franson, Catalytic decomposition of nitric oxide, Air Poll. Found. (San Marino, Calif.), Rept. 20 (1957).

[117] Sourirajan, S., L. J. Blumenthal und M. A. Accomazzo, Catalysis studies, University of California, Los Angeles, Dep. Eng. Rept. 59–69 (1959).

[118] Sourirajan, S., und L. J. Blumenthal, The application of a copper-silica-catalyst for the removal of nitrogen oxides by chemical reduction with CO or H_2, Int. J. Air and Water Poll., **5**, 24 (1961).

[119] Sourirajan, S., und M. A. Accomazzo, The application of the copperoxide-alumina catalysts for air pollution, Canad. J. Chem. Eng., **39**, 88 (1961).

[120] Batta, J., F. Solymosi und Z. G. Szabo, Decomposition of nitrous oxide on some doped cupric oxide catalysts, J. Catalysis, **1**, Nr. 2, 103 (1962).

[121] Scott, W. E., Catalytic removal of the oxides of nitrogen from automobile exhausts, Air Poll. Contr. Assoc., 54th Meet., New York, Pap. 61–51 (1961).

[122] Baker sen., R. A., und R. C. Doerr, Catalytic reduction of nitrogen oxides in automobile exhaust, J. Air Poll. Contr. Assoc., **14**, 409 (1964).

[123] Luther, H., Forschungsarbeiten auf dem Gebiet der katalytischen Stickoxidbeseitigung aus Motorabgasen, Institut für Chemische Technologie und Brennstofftechnik, TH Clausthal. – M. S. Peters, Catalytic mechanisms for nitrogen oxides reduction, University Colorado, Calif., USA. – R. J. Ayen, Catalytic reduction of oxides of nitrogen, University of California, Berkeley, Calif.

[124] George, A., DRP 14 33 41 (1899).

[125] Lehmann, K. und L., DRP 22 84 56 (1908).

[126] Anon., »Nachrichten aus Chemie und Technik«, Angew. Chemie, **73**, (Nr. 12), 189 (1961).

[127] Anon., Another smog burner, Mech. Pwr., **59**, 66 (1963).

[128] Ridgway, S. L., und J. C. Lair, The design and performance of a bootstrapping direct flame afterburner, J. Air Poll. Contr. Assoc., **12**, 340 (1962).

[129] Mead, G. E., Direct-fired afterburning mufflers, Ind. Hyg. Dig., **22**, 34 (1958).

[130] Cornelius, C. W., Approaches to the direct-flame afterburner, Nat. West Coast Meet. Soc. Automotive Engrs., San Francisco (1960).

[131] Schnabel, J. W., Development of flame-type afterburners, SAE Pap. 486 G (1962).

[132] Worsham, C. H., R. B. Long und J. P. Longwell, Noncatalytic auto exhaust combustor, J. Air Poll. Contr. Assoc., **11**, 135 (1961).

[133] Chandler, J. M., A. M. Smith und J. H. Struck, Development of the concept of non-flame exhaust gas reactor, SAE Pap. 486 M (1962).

[134] Brownson, D. A., R. S. Johnson und A. Candelise, A progress report on ManAirOx – manifold air oxidation of exhaust gas, SAE Pap. 486 N (1962).

[135] Clarke, J. S., und J. P. Soltau, Development and test data of the LUCAS direct flame afterburner, Inst. Mech. Engrs., Prepr. AD P 7 (c) (1963).

[136] Jaros, G. D., H. R. Perkin, J. G. Mingle und W. H. Paul, The fate of oxides of nitrogen through a direct flame afterburner in the exhaust of a gasoline engine, Ann. Meet. Pacific North-West Internat. Section Air Poll. Contr. Assoc., Portland, Oregon, Nov. 6 (1964).

[137] REID, R. S., J. G. MINGLE und W. H. PAUL, Oxides of nitrogen from air added in exhaust ports, SAE Pap. 660115 (1966).

[138] MORKOWSKI, J., Automatisch registrierende Analysatoren zur Bestimmung häufig auftretender, luftfremder Gase, Wasser, Luft, Betrieb, **8**, (Nr. 6), 326 (1964).

[139] Hartmann und Braun AG, Frankfurt a. M., URAS 1 Gebrauchsanleitung (neuerdings auch URAS 2 Gebrauchsanleitung).

[140] LUTHER, H., Über die Messung von Kraftfahrzeug-Emissionen, Staub, **21**, 125 (1961).

[141] STURGIS, B. M., W. F. BOZEK und J. W. SMITH, The application of continuous infrared instruments to the analysis of exhaust gas, SAE Pap. 11 B (1958).

[142] Hartmann und Braun AG, Frankfurt a. M., Magnos V – Magnetischer Sauerstoffanalysator. Gebrauchsanweisung.

[143] WIRWOLL, B., Versuche zur Bestimmung der Ladungswechselgrößen an 2-Takt-Vergaser- und Dieselmotoren durch kontinuierliche Messung des Sauerstoffes bzw. eines Spurgases in den Abgasen, Dissertation, Bergakademie Clausthal (1962).

[144] LIES, K. H., Verfahren und Geräte zur Abgasanalyse an Verbrennungskraftmaschinen, Techn. Überwach., **4**, 322 (1963).

[145] LUTHER, H., H. IHRIG und H. LIES, Über die Analyse von Kohlenwasserstoffen in den Abgasen von Verbrennungsmotoren, Bergbauwissenschaften, **10**, 262 (1963).

[146] DOBSON, J. G., E. L. KARAS und T. B. ROONEY, Anwendung von Flammen-Ionisations-Detektoren für die Analyse kontinuierlicher Prozesse, ATM, **361**, R 25 (1966).

[147] SEIBEL, A. C., A high temperature hydrogen flame ionization detector: a critical evaluation of design and operating characteristics, Paper presented at the 15th Pittsburgh Conference on Analytical Chemistry and applied Spectroscopy, March (1964).

[148] GRAIFF, L. B., C. E. LEGATE und I. C. H. ROBINSON, A fast-response flame-ionization detector for the exhaust hydrocarbons, SAE Pap. 660117 (1966).

[149] D'ALLEVA, B. A., und W. G. LOVELL, SAE-Jour. (Transaction), **38**, 90 (1936).

[150] IHRIG, H., Versuche zur kontinuierlichen Analyse der Abgase von Verbrennungsmotoren im Prüfstands- und im Fahrbetrieb, Dissertation, Bergakademie Clausthal (1963).

[151] WICKE, E., Grundlagen der katalytischen Nachverbrennung, Chem.-Ing.-Techn., **37**, 892 (1965).

7. Abbildungsanhang

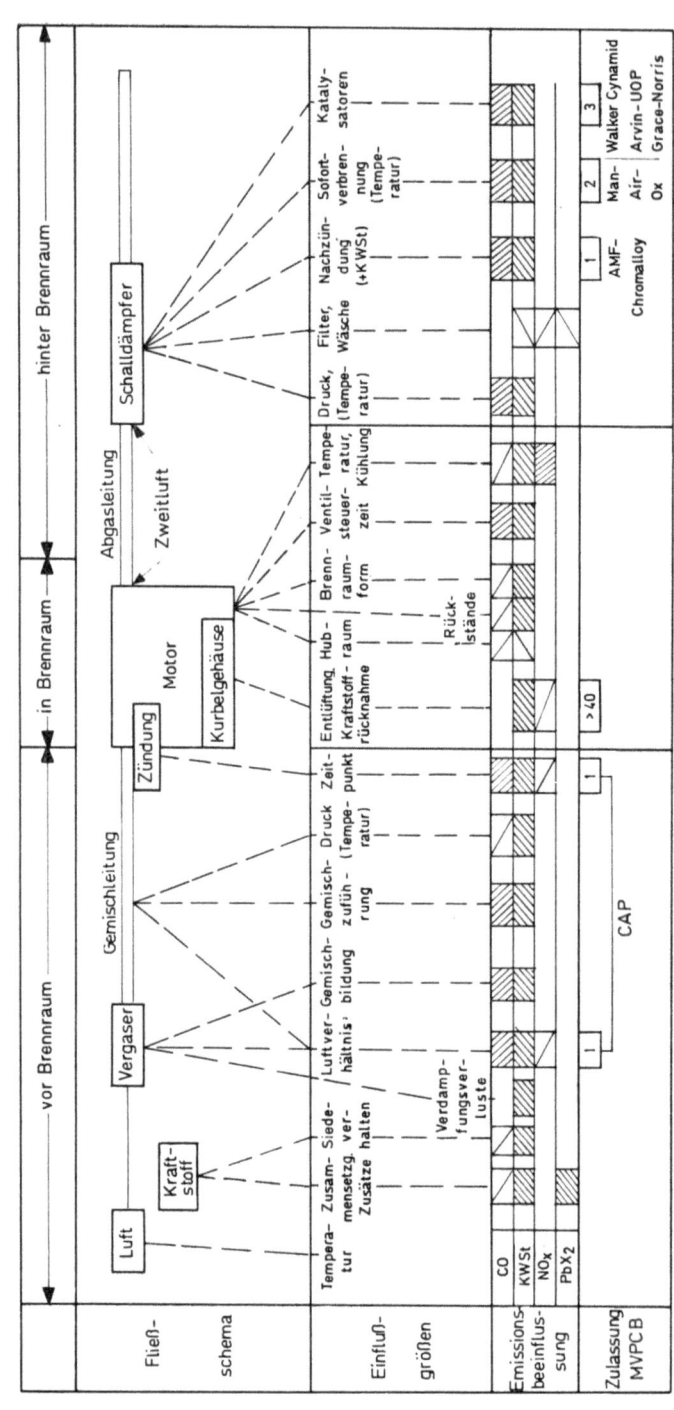

Abb. 1 Möglichkeiten zur Beeinflussung der Abgaszusammensetzung von Ottomotoren (bei »Emissionsbeeinflussung« bedeutet: schraffiert = starke Beeinflussung, Diagonalstrich = schwache Beeinflussung, bei »Zulassung« bedeutet MVPBC = Motor Vehicle Pollution Control Board)

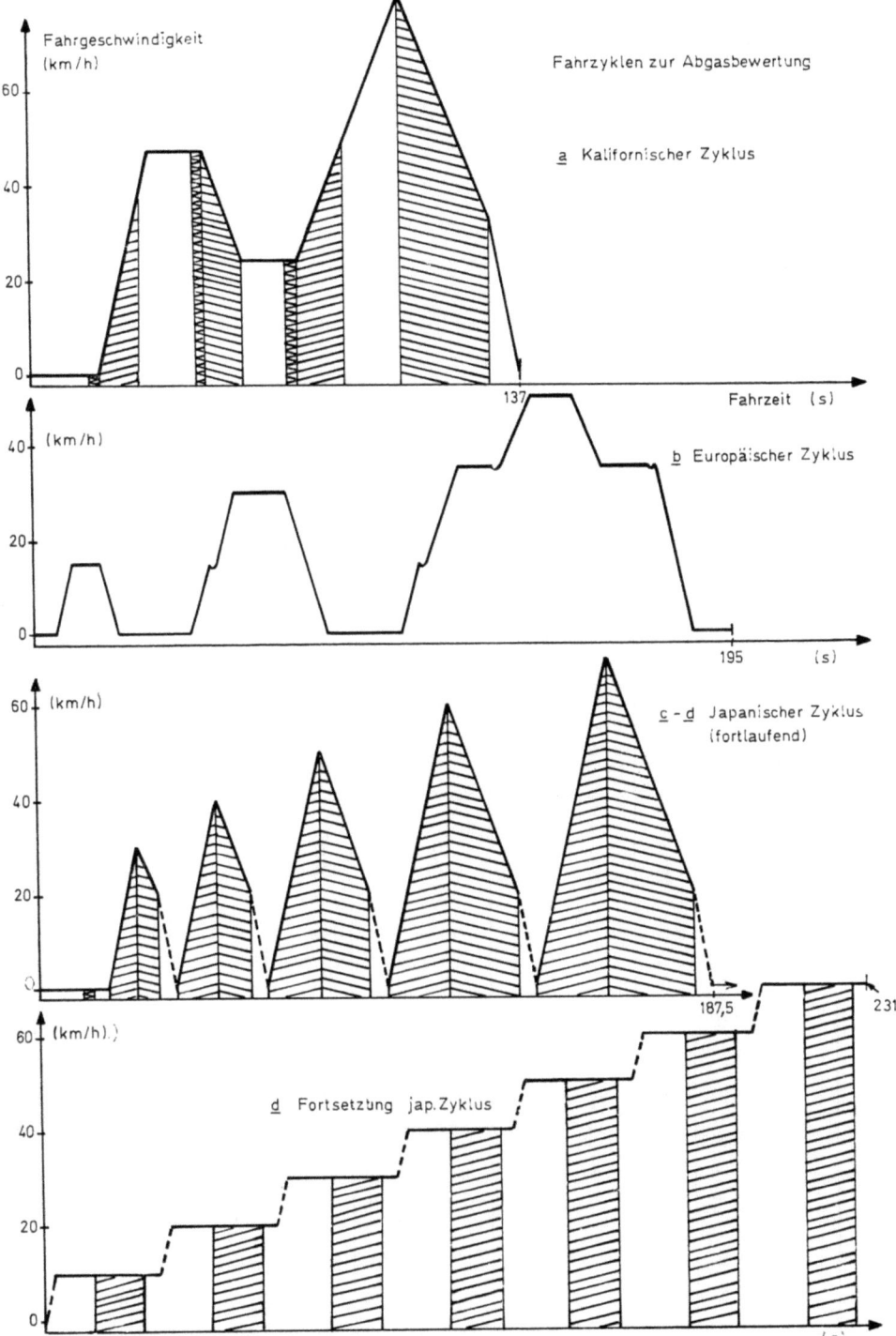

Abb. 2a–d Fahrzyklen zur Abgasbewertung

1	2			3				4	5	
Staat	höchstzulässige Emission			Anwendungsbereich				Prüf-verfahren C, J, L**	Emissionsbestimmung	
	$n\text{-}C_6H_{14}$ (ppm)	CO (Vol.-%)	NO_x (ppm)	Baujahr	M, A, N*	Hubraum (cm^3)	Fahrstrecke (km)		direkt	indirekt
Kalifornien	275	1,5	—	1966	M, A, N	alle Größen	19200	C		x
		wie USA		1968	M, A, N	s. USA Staffelung	80000	C		x
	180	1,0	350	1970	M, A, N		vermutlich wie 1968		unbekannt	
USA	—	—	—	1968	M, A, N	< 819	80000	C		x
	410	2,3	—			819–1639				
	350	2,0	—			1639–2294				
	275	1,5	—			> 2294				
Japan	—	<3,0	—	1966/67	A***	ohne Staffelung	ungenannt	J		x
Bundes-republik Deutschland	—	4,5	—	voraussichtlich 1967	A	unberücksichtigt****		L	x	

Abb. 3 Zulässige Emissionswerte in Abgasen von Ottomotoren und -Kraftfahrzeugen

* In Spalte 3 bedeuten: »M, A, N« = Motor (stationär), Automobil, Nutzfahrzeug bis 0,5 t Nutzlast.
** In Spalte 4: »C, J, L« = Kalifornischer Fahr-, Japanischer Fahrzyklus, Leerlauf (stationär).
*** In Spalte 3 bei Japan unter »A« bis 4125 kg Gesamtgewicht.
**** „Ausgenommen sind Kraftfahrzeuge und Krafträder mit Ottomotoren mit einem Hubraum von nicht mehr als 250 cm^3"

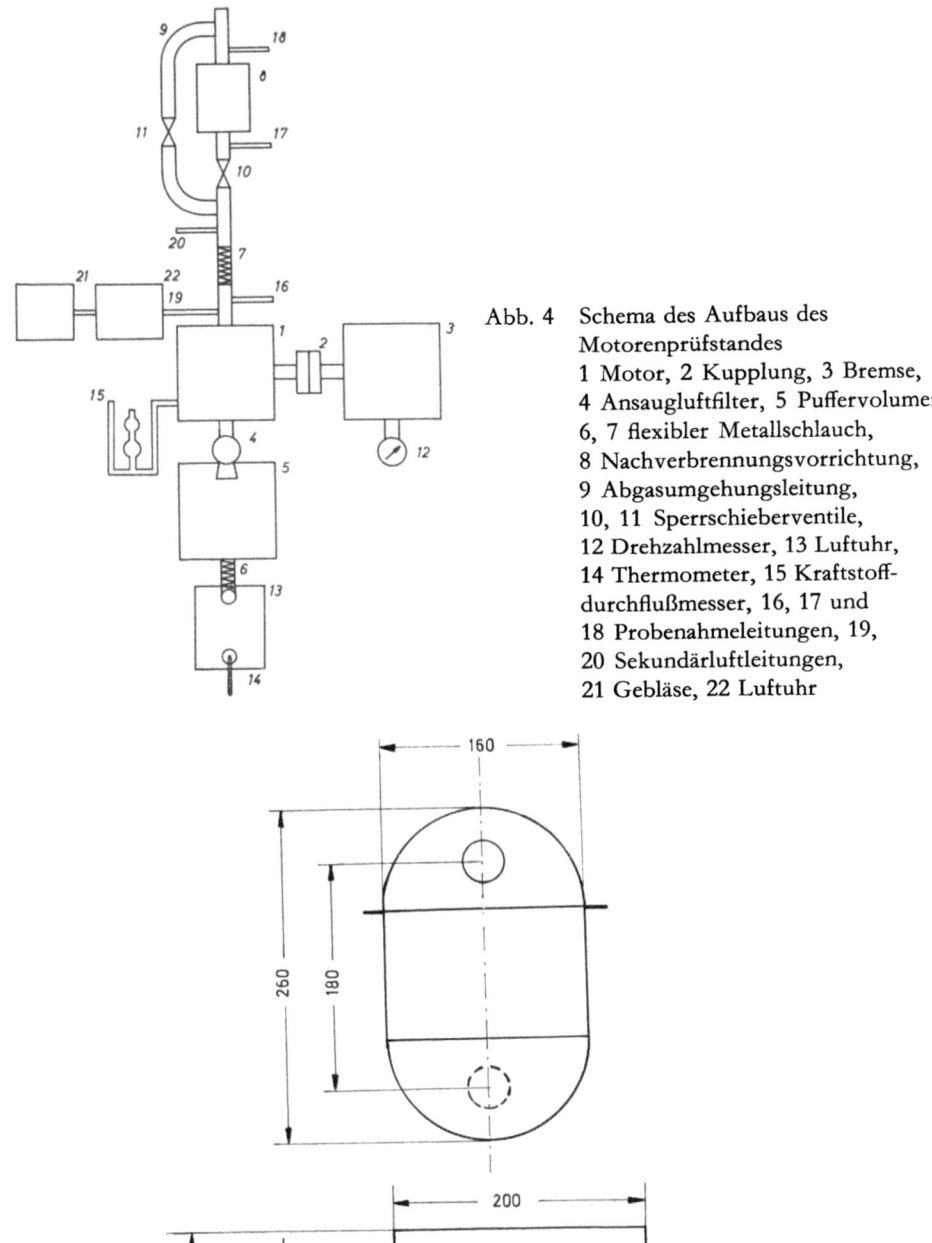

Abb. 4 Schema des Aufbaus des Motorenprüfstandes
1 Motor, 2 Kupplung, 3 Bremse, 4 Ansaugluftfilter, 5 Puffervolumen, 6, 7 flexibler Metallschlauch, 8 Nachverbrennungsvorrichtung, 9 Abgasumgehungsleitung, 10, 11 Sperrschieberventile, 12 Drehzahlmesser, 13 Luftuhr, 14 Thermometer, 15 Kraftstoffdurchflußmesser, 16, 17 und 18 Probenahmeleitungen, 19, 20 Sekundärluftleitungen, 21 Gebläse, 22 Luftuhr

Abb. 5 Versuchstopf für die katalytische Nachverbrennung

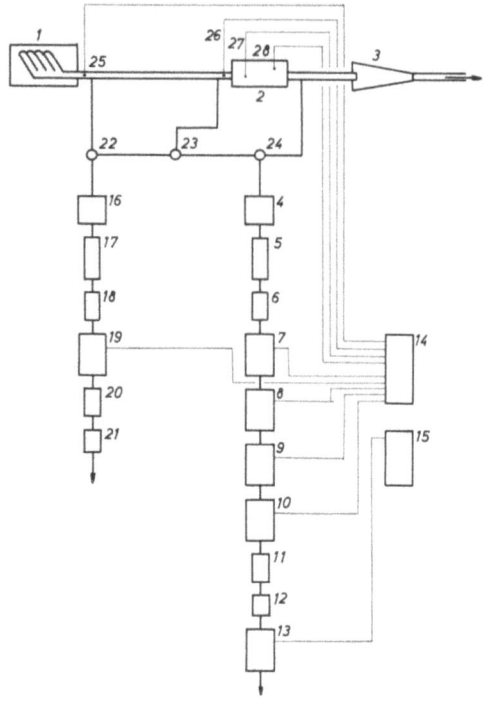

Abb. 6 Anordnung der Analysatoren
1 Motor, 2 Nachverbrennungsanlage, 3 Gasabführung, 4, 16 Kühler, 5, 17 Wasserabscheider, 6, 18 Trockenrohre, 7 n-Butan-Uras, 8, 19 CO-Uras, 9 CO_2-Uras, 10 Magnos V, 11, 20 Rotameter, 12, 21 Pumpe, 13 FID, 14 Kompensograph, 15 Linienschreiber, 22–24 Dreiwegehähne, 25–28 Thermoelemente

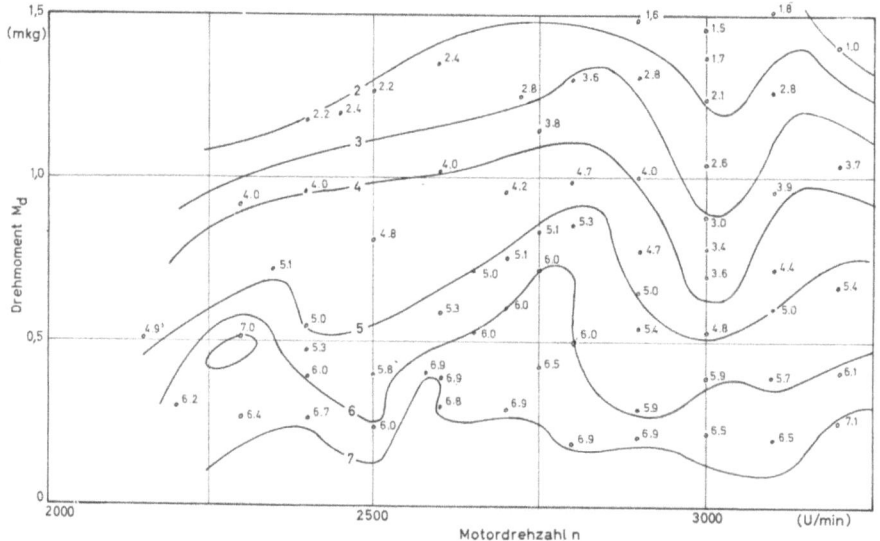

Abb. 7 CO-Kennfeld
Die ausgezogenen Linien sind Linien gleichen CO-Gehaltes (Vol.-%)

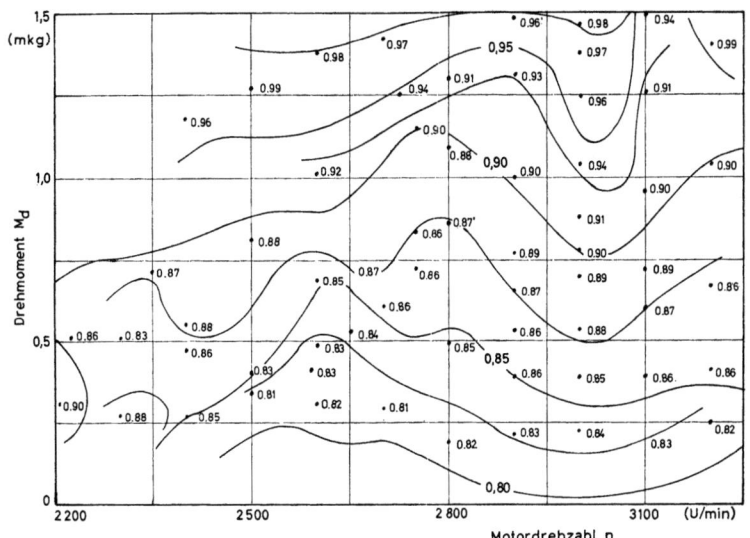

Abb. 8 λ-Kennfeld
Die ausgezogenen Linien sind Linien gleichen Luftverhältnisses

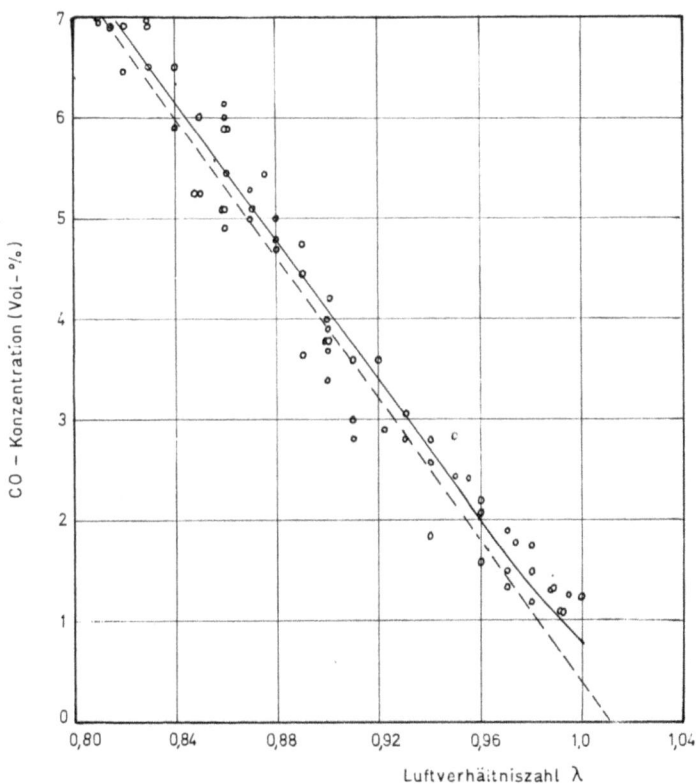

Abb. 9 CO-Gehalt als Funktion der Luftverhältniszahl λ

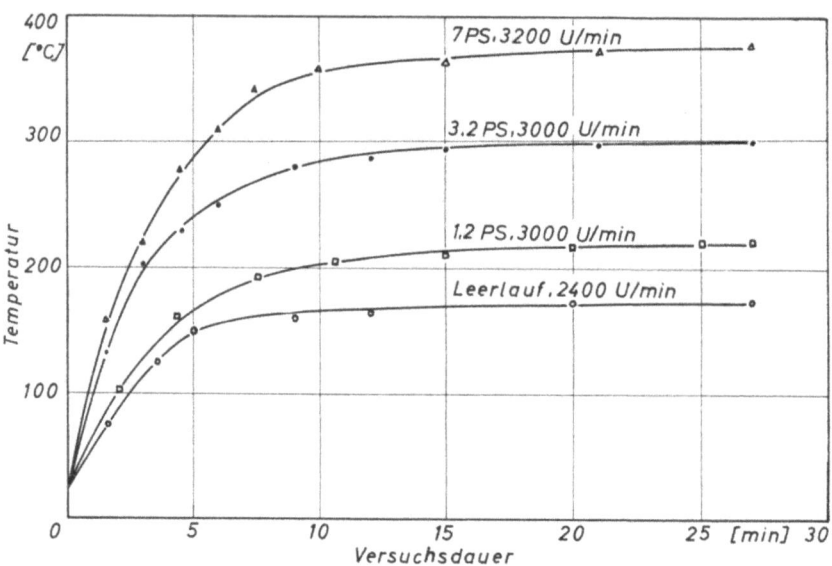

Abb. 10 Abgastemperatur (ϑ_1) vor Eintritt in den Katalysatortopf bei verschiedenen Betriebszuständen des Versuchsmotors

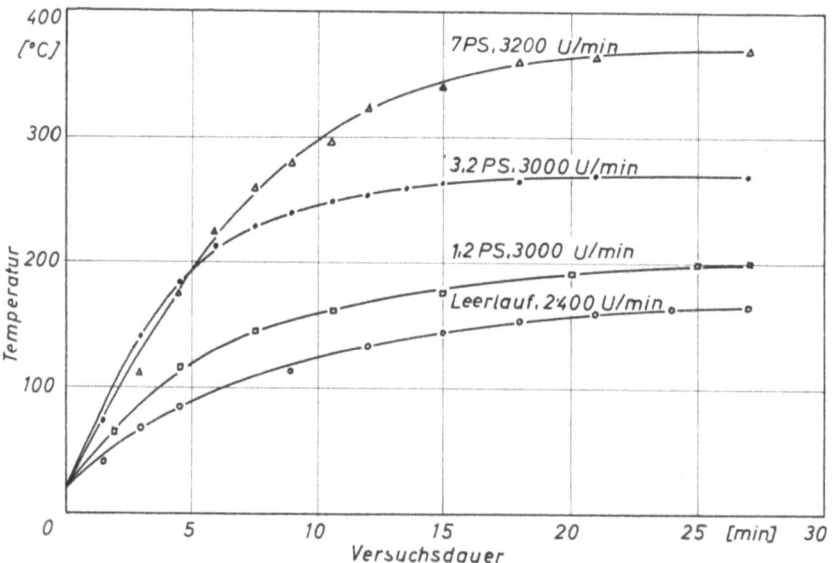

Abb. 11 Temperaturen (ϑ_2) im Festbett bei verschiedenen Betriebszuständen des Versuchsmotors

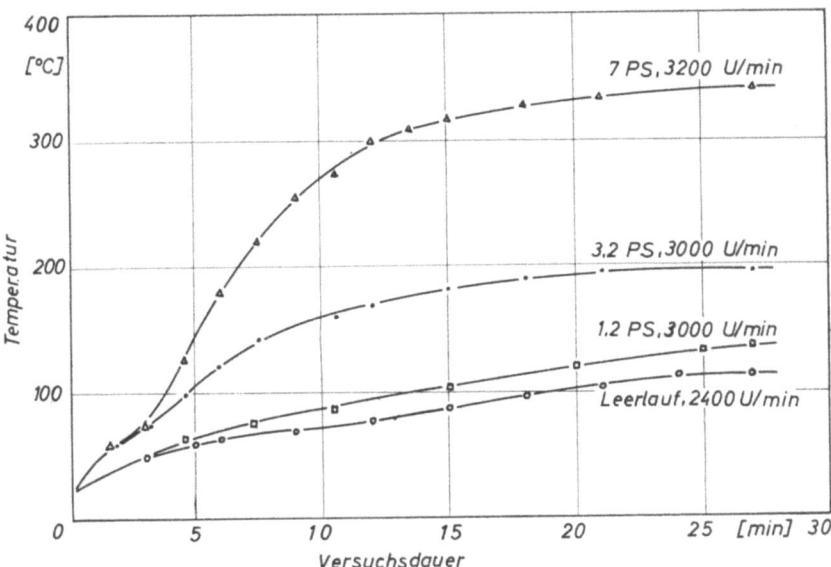

Abb. 12 Abgastemperaturen (ϑ_3) nach Verlassen des Festbettes bei verschiedenen Betriebszuständen des Versuchsmotors

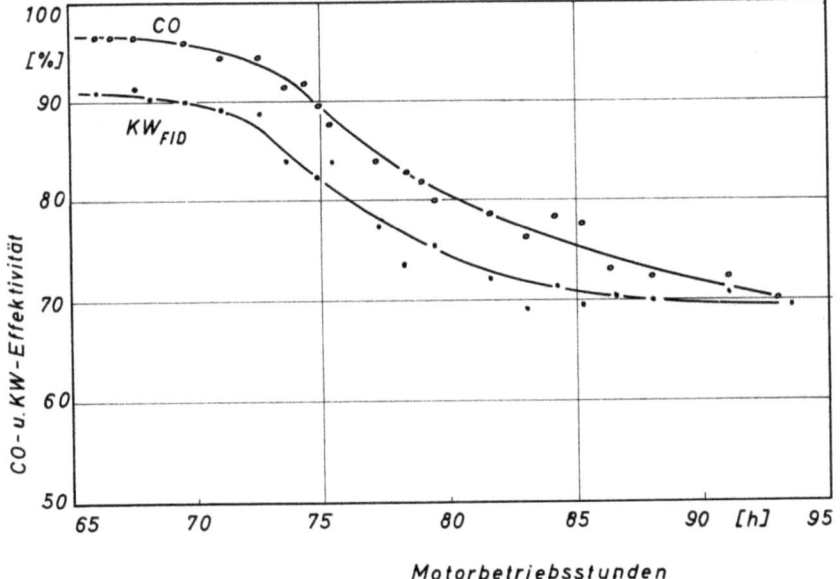

Abb. 13 Rückgang der Kohlenmonoxid- und Kohlenwasserstoff-Effektivität in der Fahrperiode 3

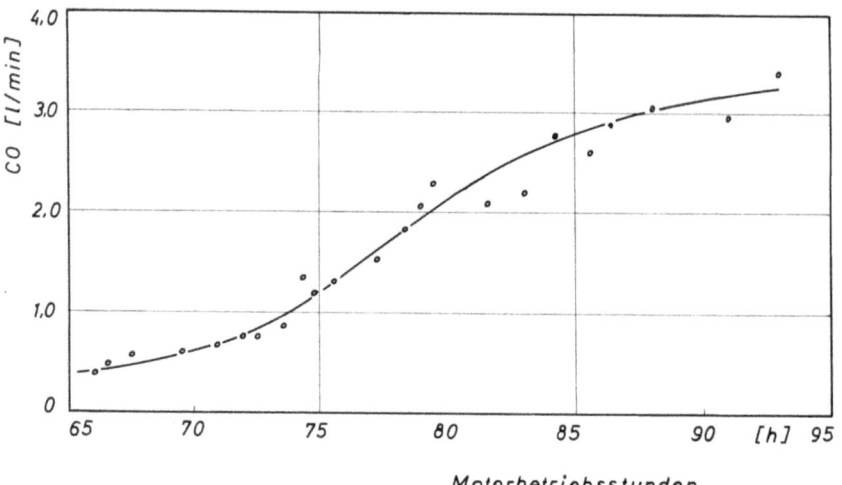

Abb. 14　Darstellung wachsender CO-Emission (Nl/min.) bei nachlassender Wirksamkeit des Zylinder-Katalysators durch Verwendung von Bleibenzin in der Fahrperiode 3

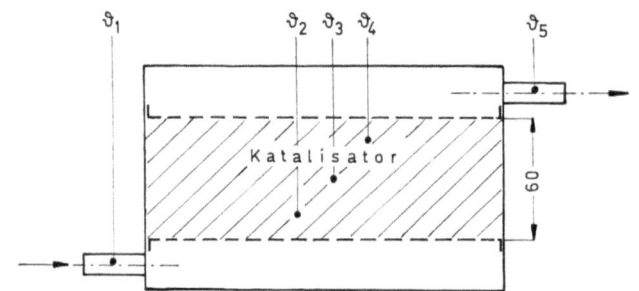

Abb. 15　Lage der Temperaturmeßstellen im Katalysatorbehälter

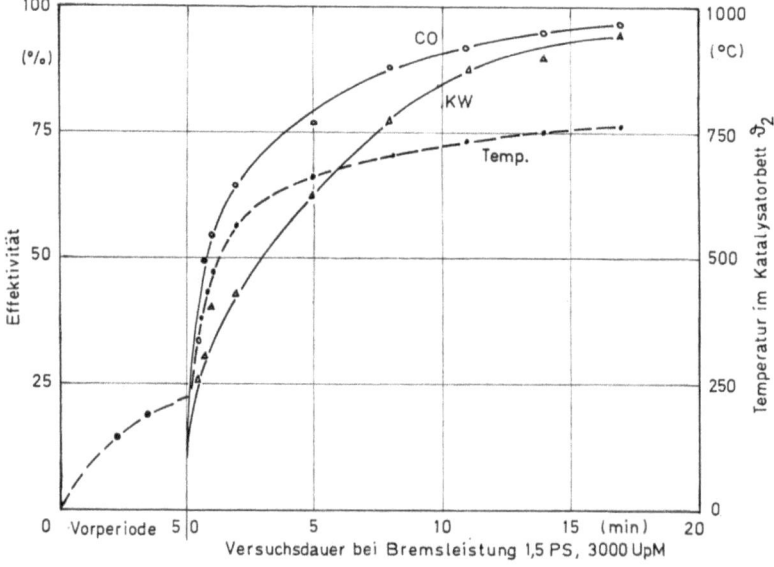

Abb. 16　CO- und KWSt.-Effektivität am Kugelkatalysator und Reaktionstemperatur in Abhängigkeit von der Versuchsdauer

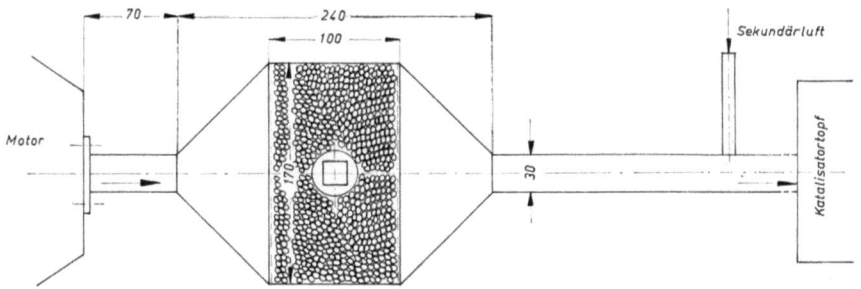

Abb. 17 Filtertopf

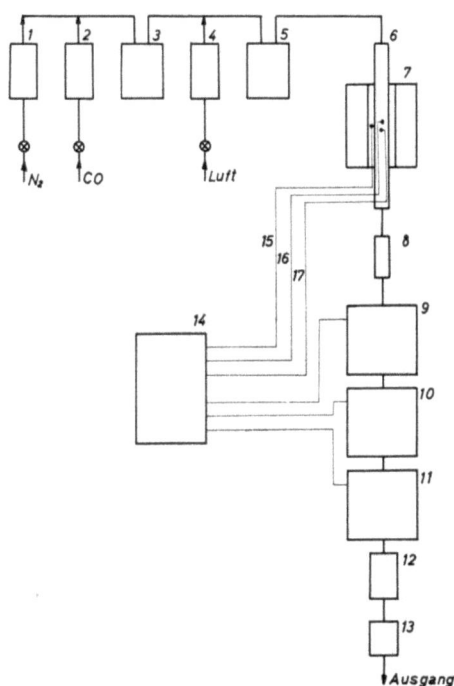

Abb. 18 Schematische Anordnung der Laboratoriumsapparatur und der verwendeten Meßgeräte
1, 2, 4, 12 Durchflußmesser, 3, 5 Mischgefäße, 6 Reaktionsrohr, 7 elektr. Ofen, 8 Trockenrohr, 9 CO-, 10 CO_2-Uras, 11 Magnos V, 13 Pumpe, 14 Polycomp, 15, 16 und 17 Thermoelemente

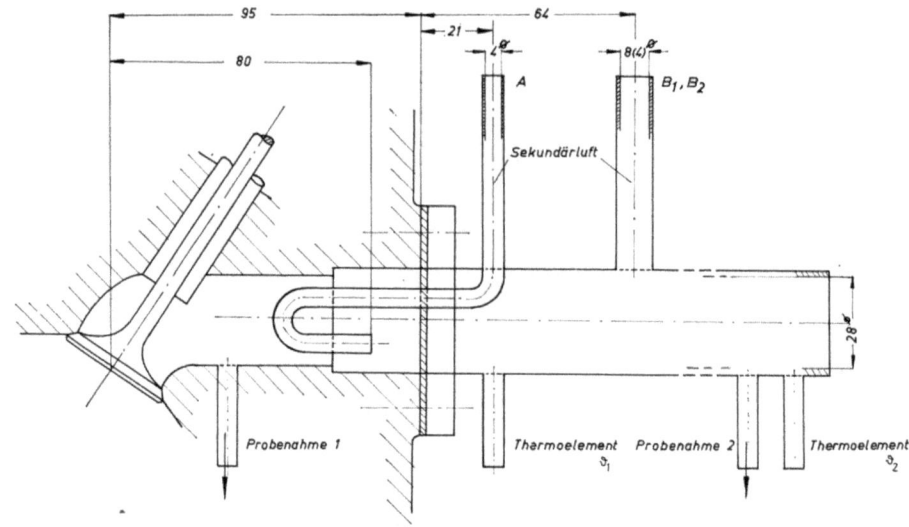

Abb. 19   Sekundärluftzuführung am BMW-Industriemotor 403

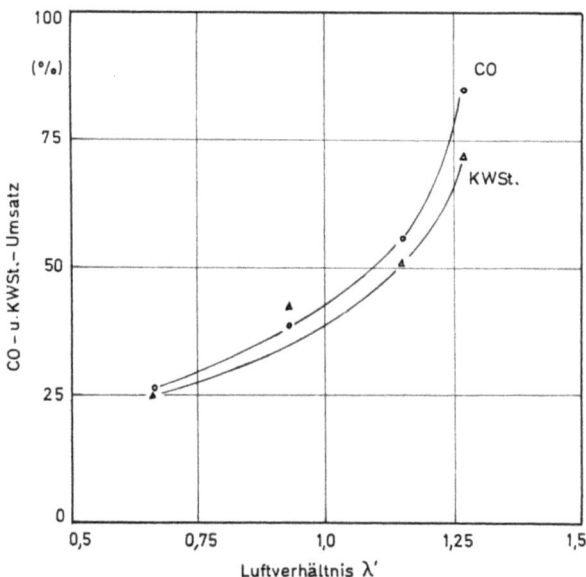

Abb. 20   Umsatz von Kohlenmonoxid und Kohlenwasserstoffen in Abhängigkeit vom Luftverhältnis λ' bei Luftzumischung über Leitung B_1

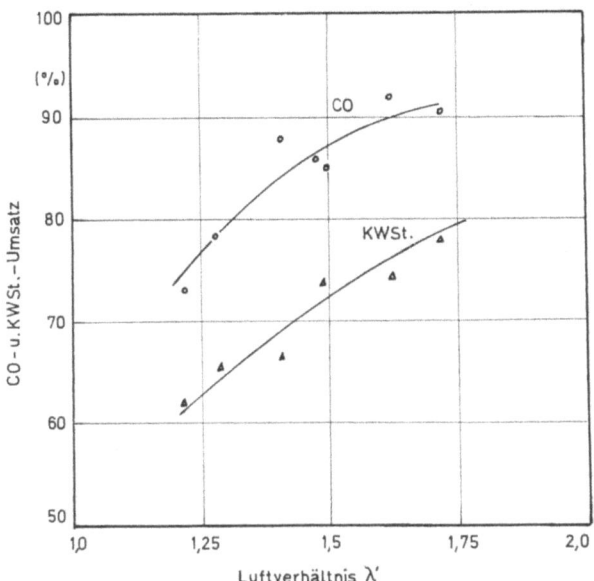

Abb. 21 Umsatz von Kohlenmonoxid und Kohlenwasserstoffen in Abhängigkeit zum Luftverhältnis λ' bei Sekundärluftzugabe über Leitung B_2

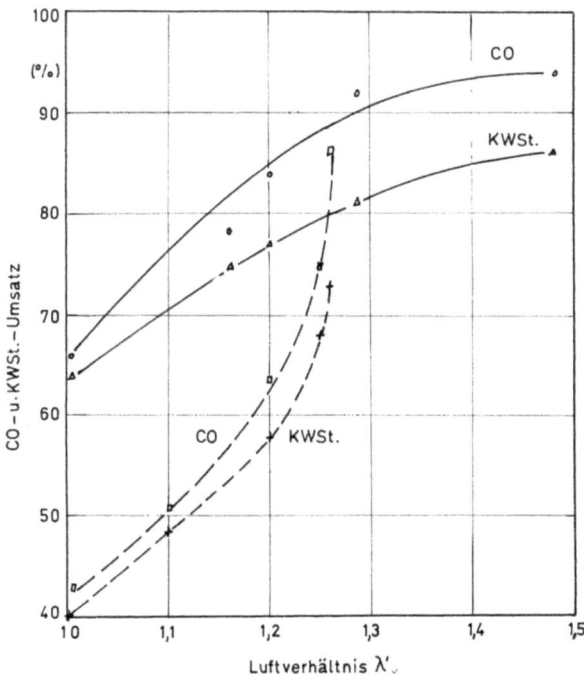

Abb. 22 Umsatz von Kohlenmonoxid und Kohlenwasserstoffen in Abhängigkeit zum Luftverhältnis bei ventilnaher Zumischung von Sekundärluft über Leitung A
Zum Vergleich ist Abb. 20 (gestricheltes Kurvenpaar) eingezeichnet

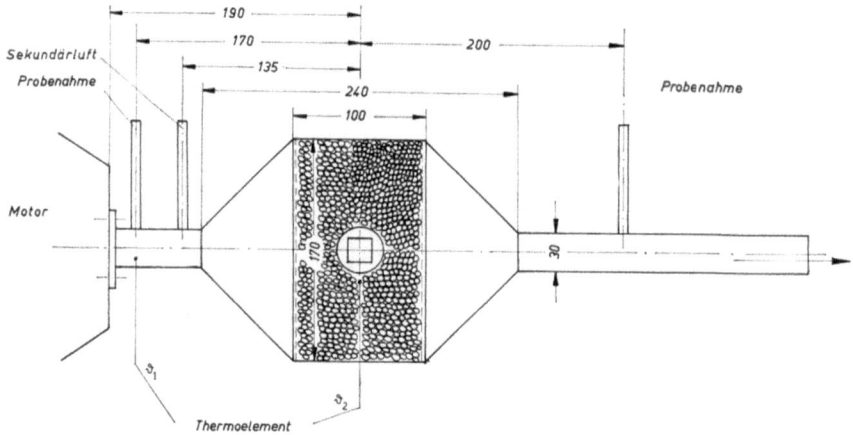

Abb. 23 Mischkammer

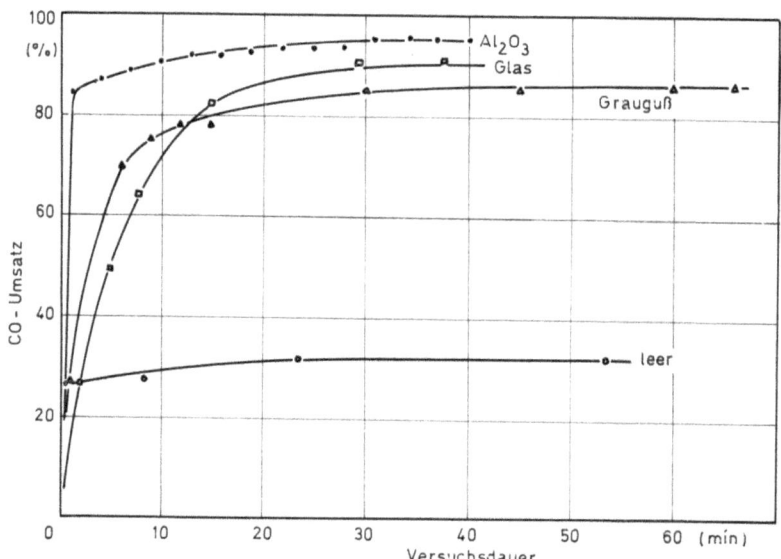

Abb. 24 Kohlenmonoxid-Umsatz an verschiedenen Füllkörpern in Abhängigkeit von der Versuchsdauer

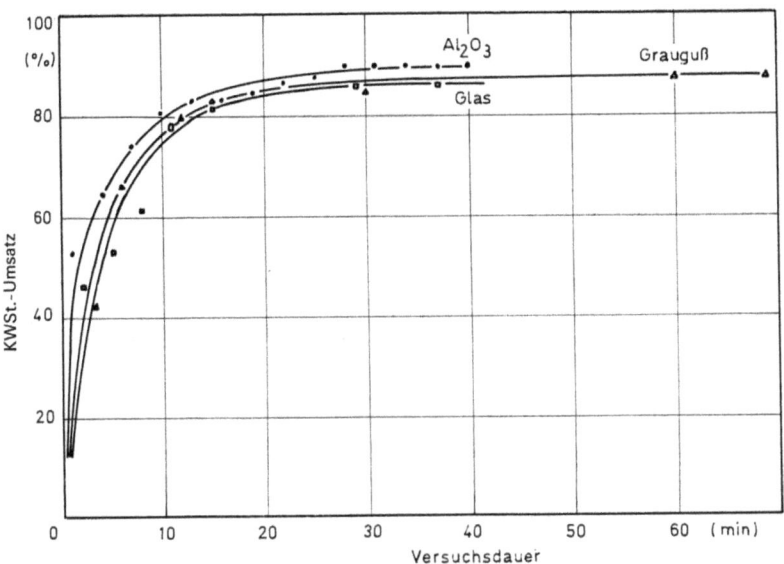

Abb. 25　Kohlenwasserstoff-Umsatz an verschiedenen Füllkörpern in Abhängigkeit von der Versuchsdauer

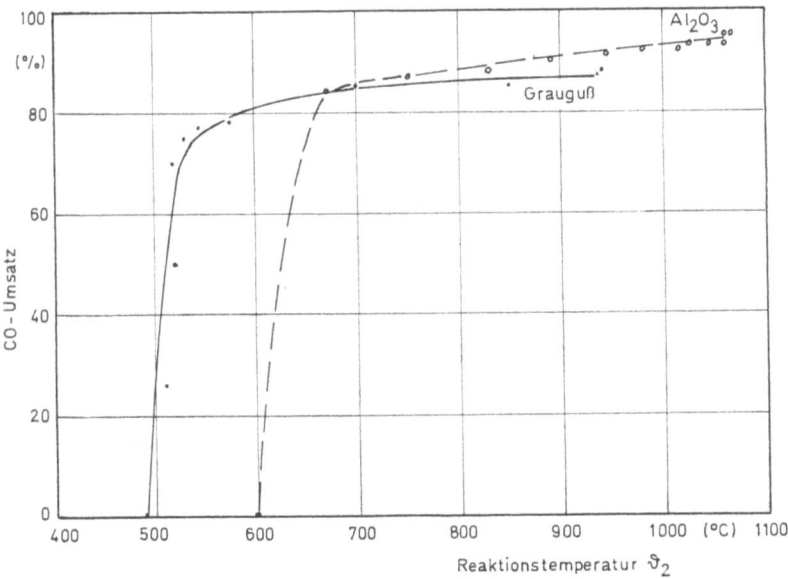

Abb. 26　Kohlenmonoxid-Umsatz an Aluminiumoxid und Grauguß in Abhängigkeit zur Reaktionstemperatur

Forschungsberichte des Landes Nordrhein-Westfalen

Herausgegeben im Auftrage des Ministerpräsidenten Heinz Kühn
von Staatssekretär Professor Dr. h. c. Dr. E. h. Leo Brandt

Sachgruppenverzeichnis

Acetylen · Schweißtechnik
Acetylene · Welding gracitice
Acétylène · Technique du soudage
Acetileno · Técnica de la soldadura
Ацетилен и техника сварки

Arbeitswissenschaft
Labor science
Science du travail
Trabajo científico
Вопросы трудового процесса

Bau · Steine · Erden
Constructure · Construction material ·
Soil research
Construction · Matériaux de construction ·
Recherche souterraine
La construcción · Materiales de construcción ·
Reconocimiento del suelo
Строительство и строительные материалы

Bergbau
Mining
Exploitation des mines
Minería
Горное дело

Biologie
Biology
Biologie
Biologia
Биология

Chemie
Chemistry
Chimie
Quimica
Химия

Druck · Farbe · Papier · Photographie
Printing · Color · Paper · Photography
Imprimerie · Couleur · Papier · Photographie
Artes gráficas · Color · Papel · Fotografía
Типография · Краски · Бумага · Фотография

Eisenverarbeitende Industrie
Metal working industry
Industrie du fer
Industria del hierro
Металлообработывающая промышленность

Elektrotechnik · Optik
Electrotechnology · Optics
Electrotechnique · Optique
Electrotécnica · Optica
Электротехника и оптика

Energiewirtschaft
Power economy
Energie
Energía
Энергетическое хозяйство

Fahrzeugbau · Gasmotoren
Vehicle construction · Engines
Construction de véhicules · Moteurs
Construcción de vehículos · Motores
Производство транспортных · Средств

Fertigung
Fabrication
Fabrication
Fabricación
Производство

Funktechnik · Astronomie
Radio engineering · Astronomy
Radiotechnique Astronomie
Radiotécnica · Astronomía
Радиотехника и астрономия

Gaswirtschaft
Gas economy
Gaz
Gas
Газовое хозяйство

Holzbearbeitung
Wood working
Travail du bois
Trabajo de la madera
Деревообработка

Hüttenwesen · Werkstoffkunde
Metallurgy · Materials research
Métallurgie · Matériaux
Metalurgia · Materiales
Металлургия и материаловедение

Kunststoffe
Plastics
Plastiques
Plásticos
Пластмассы

Luftfahrt · Flugwissenschaft
Aeronautics · Aviation
Aéronautique · Aviation
Aeronáutica · Aviación
Авиация

Luftreinhaltung
Air-cleaning
Purification de l'air
Purificación del aire
Очищение воздуха

Maschinenbau
Machinery
Construction mécanique
Construcción de máquinas
Машиностроительство

Mathematik
Mathematics
Mathématiques
Mathemáticas
Математика

Medizin · Pharmakologie
Medicine · Pharmacology
Médecine · Pharmacologie
Medicina · Farmacología
Медицина и фармакология

NE-Metalle
Non-ferrous metal
Metal non ferreux
Metal no ferroso
Цветные металлы

Physik
Physics
Physique
Física
Физика

Rationalisierung
Rationalizing
Rationalisation
Racionalización
Рационализация

Schall · Ultraschall
Sound · Ultrasonics
Son · Ultra-son
Sonido · Ultrasónico
Звук и ультразвук

Schiffahrt
Navigation
Navigation
Navegación
Судоходство

Textilforschung
Textile research
Textiles
Textil
Вопросы текстильной промышленности

Turbinen
Turbines
Turbines
Turbinas
Турбины

Verkehr
Traffic
Trafic
Tráfico
Транспорт

Wirtschaftswissenschaften
Political economy
Economie politique
Ciencias económicas
Экономические науки

Einzelverzeichnis der Sachgruppen bitte anfordern

Westdeutscher Verlag · Köln und Opladen
567 Opladen/Rhld., Ophovener Straße 1–3, Postfach 1620

MIX
Papier aus verantwortungsvollen Quellen
Paper from responsible sources
FSC® C105338

If you have any concerns about our products,
you can contact us on
ProductSafety@springernature.com

In case Publisher is established outside the EU,
the EU authorized representative is:
**Springer Nature Customer Service Center GmbH
Europaplatz 3, 69115 Heidelberg, Germany**

Printed by Libri Plureos GmbH
in Hamburg, Germany